웃는다!
유전자

웃는다! 유전자

2007년 7월 5일 초판 1쇄 발행

지은이 무라카미 가즈오

옮긴이 김용해

펴낸이 이원중 **책임편집** 여미숙 **본문디자인** 임소영 **표지디자인** 배세진

출력 경운출력 **인쇄 · 제본** 상지사

펴낸곳 지성사 **출판등록일** 1993년 12월 9일 **등록번호** 제10 – 916호

주소 (121 – 829) 서울시 마포구 상수동 337 – 4 **전화** (02) 335 – 5494~5 **팩스** (02) 335 – 5496

홈페이지 www.jisungsa.co.kr ㅣ blog.naver.com / jisungsabook **이메일** jisungsa@hanmail.net

편집주간 김선정 **편집팀** 조현경, 류선미, 임소영, 이유나 **영업팀** 권장규

ISBN 978 - 89 - 7889 - 154 - 7 (93470)

잘못된 책은 바꾸어드립니다. 책값은 뒤표지에 있습니다.

이 도서의 국립중앙도서관 출판시도서목록(CIP)은 e-CIP 홈페이지(http://www.nl.go.kr/cip.php) 에서
이용하실 수 있습니다.(CIP제어번호: CIP2007001737)

웃는다! 유전자

무라카미 가즈오 지음 | 김용해 옮김

지성사

웃음으로 인생의 꽃을 피워라!

우리는 즐겁고 재미있으면 소리 내어 웃습니다. 웃음이 건강에 좋다는 것은 일찍부터 알려진 사실입니다. 인도 같은 나라에서는 웃음클럽이 많아서 아침 일찍 일어나 회원들끼리 마주보며 한바탕 웃어댄답니다. 저는 과학자니까 어떻게 하면 웃음이 건강에 좋다는 사실을 과학적으로 증명할 수 있을까 하고 고민해왔습니다. 웃음뿐만 아니라 과학 분야에는 두근두근 조마조마하게 하는 흥분되는 일이 많습니다.

제 전문인 유전자 세계에도 매우 흥미 있는 변화가 일어납니다. 유전자는 계속 변하지는 않습니다만, 때때로 변하기도 합니다. 그렇다면 웃으면 유전자 활동이 변할까요? 우리는 웃음과 유전자의 관계를 과학적으로 조사하기 위해 웃음종합상사로 알려진 요시모토흥업의 도움을 받았습니다. 그래서 시작한 것이 '웃음과 유전자의 관계' 실험입니다. 먼저 우리는 당뇨병 환자들을 모집한 다음 요시모토흥업의 코미디 쇼를 관람시켰습니다. 그 쇼를 본 뒤 당뇨병 환자들의 혈당치가 내려갔고, 유전자 활동도 변하고 있다는 놀라운 사실을 알게 되었습니다. '웃음과 유전자의 관계'를 보여주는 증거의 꼬리를 확실히 잡은 것입니다.

이제 앞으로는 치료를 위해 '웃음의 비디오'를 사용하게 될지 모르겠습니다. 과학은 바로 엔터테인먼트(즐거운 여흥)입니다. 마음과 유전자의 관계를 과학의 언어로 얘기하는 것이 제 생애의 보람이며 즐거움입니다. 여러분도 매일매일 살아 있음에 감사하면서 많이 웃어, 웃음 유전자의 스위치가 켜지도록 하여 인생의 꽃을 피우시기 바랍니다. 끝으로, 웃음과 유전자 연구에 협력해주신 요시모토흥업 사장님을 비롯한 관계자 여러분, 그리고 쓰쿠바 시민들에게도 깊이 감사드립니다.

쓰쿠바대학 명예교수 무라카미 가즈오

이 책을 처음 읽었을 때 '웃음'이란 말이 마음에 들었으며, 거기에 유전자를 결부시킨 것이 독특하여 매우 흥미로웠다. 처음에는 유전자라는 전문적인 용어 때문에 어려울 것 같은 느낌도 들었다. 그러나 읽어보니 객관적이며 과학적인 데이터로 알기 쉽게 설명하고 있어서 누구나 이해하기 쉬울 듯 하였다. 그것이 이 책의 특징이라 할 수 있다.

최근에 전 세계적으로 라디오, TV, 신문지상에서 웃음의 중요성을 이야기하거나 웃음으로 질병들을 치유한다는 프로그램들이 속속 등장하고 있다. 그러나 구체적으로 이들을 뒷받침해줄 만한 과학적인 데이터들을 보여주는 내용은 없었다. 이럴 때 국제적으로 잘 알려진 유전공학자이며 '일본웃음학회' 회원이기도 한 쓰쿠바대학의 무라카미 명예교수가 웃음의 역사며, 전문적인 웃음을 통하여 웃음의 본질에 접근하고 있다.

웃음의 전문적인 사업체인 요시모토흥업과 제휴하여 실제로 당뇨병 환자들을 웃긴 다음 혈당치의 저하를 측정하는 실험과, 이때 환자들의 유전자의 변화를 조사한 획기적인 실험을 세계에서 처음으로 성공적으로 이루었다. 그 결과는 미국의 유명한 『다이어비티스 케어(Diabetes Care)』라는 당뇨병 전문지에 게재되어 미국, 유럽 등 전 세계의 주목을 끌고 있다. 일본 TV와 라디오 방송 등에서는 무라카미 교수의 '웃음과 유전자'의 강연회가 계속 개최되고 있다.

  웃음이 마음을 맑게 해주고 뇌의 활동을 활발히 해주며 건강에 좋다는 얘기는 흔히 듣고 있으나, 환자들의 치료 가능성에 대해서 객관적·과학적으로 실험해서 검증했다는 얘기는 전 세계에서 처음이다. 20여 명의 당뇨병 환자들이 교수들의 의학 강연 후 혈당치를 재고, 또 다음 날은 배우들의 코미디 쇼를 보고 크게 웃은 다음 혈당치를 재서 비교했다. 그뿐만 아니라 이때의 유전자 변화를 관찰했다. 교수들의 의학 강연 후 환자들의 혈당치는 변함이 없었으나 쇼를 보고 크게 웃은 다음의 혈당치는 크게 떨어졌으며, 이때 유전자의 변화도 볼 수 있었다. 이러한 실험은 장소와 환자들을 바꾸어가며 수차례 연구했으며 비슷한 결과를 얻었다. 이외에 웃음 전문가들과의 대화, 웃음이 사람의 마음과 몸에 미치는 영향을 흥미진진하게 예를 들어 다루고 있다. 저자는 머지않아 병원에서도 웃음에 의한 치료와 의사들의 치료가 병행될 때가 올 거라고 예견하고 있다.

  전문가들에 의하면 억지로 웃어도 웃음의 효력이 있으며, 인도에서는 아침마다 회원들이 모여서 크게 웃는 웃음클럽이 많이 있다고 한다. 웃음으로 인생을 늘 즐겁게 보내며, 건강하게 살아가는 데 큰 도움이 되기를 바란다.

2007년 6월

김용해

차례

1

웃음과 유전자의 만남

웃음으로 유전자가 활성화된다

저는 2003년 11월부터 웃음종합상사인 요시모토흥업[吉本興業, 일본 최대 매니지먼트사]과 함께 세기의 실험을 시작했습니다. 이것은 '웃음과 유전자의 관계'를 과학적으로 설명하려는 세계 최초의 시도였습니다. 요시모토흥업의 요코자와 선생이 이 대실험의 협력자였습니다.

요코자와 선생은 동경대학교 문학부를 졸업한 후 후지텔레비전에 입사해서 「우리는 웃기는 무리」, 「웃어서 좋아요」 등의 다양한 프로그램을 제작해 크게 히트를 쳤습니다. 즉, 웃음에 관한 전문직업을 창출해낸 사람입니다. 그후 요시모토흥업에 입사해서 현재는 상담 일을 하면서 대학교수까지 맡고 있는 매우 흥미로운 분입니다.

사회 : 이 장의 주제는 '웃음과 유전자'에 관한 세기의 대실험입니다. 이 실험은 무라카미 선생님과 요시모토흥업이 공동으로 진행하고 있습니다만 도대체 무라카미 선생님과 요시모토흥업의 접점은 어디에 있었던 것입니까? 옆에서 보고 있으면 이렇게 잘못된(?) 만남도 없으리라 생각됩니다.

요코자와 : 그 잘못된 만남이 즐거운 것입니다.

무라카미 : 요시모토흥업과 4년 전에 만났습니다. 후지산게이그룹 조찬회에서 강연할 때 제 강연을 듣던 요시모토흥업의 하야시 사장(현 회장)을 만났습니다. 하야시 사장에게서 요코자와 씨를 소개받았고 잡지에서 대담할 때 처음 뵈었지요.

요코자와 : 당시 저는 무라카미 선생님을 잘 모르고 있었는데 조찬회에서 돌아온 하야시 사장이 "배꼽을 잡고 크게 웃었다"고 말하는 것을 듣고는 처음에는 유머러스한 사람이라고만 생각했습니다.

무라카미 : 대체로 학자의 말은 재미없다고 생각하니까요.

요코자와 : 그렇지 않습니다. 지금도 저는 무라카미 선생님은 웃음을 아는 분이라고 생각하고 있습니다. 대담 때문에 실제로 만났

을 때 요시모토흥업에 스카우트하고 싶었을 정도였으니까요. 욕심을 내면 좀더 젊었으면 했었지요.

무라카미 : 칭찬해주셔서 영광입니다. 저는 21세기는 엔터테인먼트 시대라고 생각해요. 이런 생각을 조금이라도 여러분과 나누고 싶었습니다.

요코자와 : 과학이 엔터테인먼트이면 요시모토흥업과도 접점이 있습니다.

무라카미 : 과학은 결과가 전부라고 생각하실 것입니다만, 과학은 '과정'이 재미있는 학문입니다. 두근두근, 조마조마, 흥분하며 발견해가는 과정 말입니다. 그러한 즐거움을 전하는 교수가 언제나 근엄한 얼굴로 어려운 얘기만 하면 곤란합니다. 대학교수는 엔터테이너(즐겁게 해주는 사람)가 되어야 한다고 생각할 무렵 조찬회에서 하야시 사장과 명함을 교환한 것입니다. 솔직히 좋은 기회라고 생각했습니다.

요코자와 : 기회라고 하시면?

무라카미 : 저는 마음과 유전자 관계를 조사하는 실험을 하고 싶

었던 것입니다. 그러기 위해서는 엔터테이너를 갖고 있는 요시모토흥업 같은 회사의 지원을 받아야 한 발자국 한 발자국 앞으로 나아갈 수 있습니다. 그래서 하야시 사장에게 도움을 요청했습니다.

요코자와 : 하야시 사장도 기회라고 생각한 모양입니다. '유전자에 스위치가 있어서 온(on)이 되기도 하고 오프(off)가 되기도 한다고 했는데, 어떤 유전자는 낮에 온이 되는가 하면 밤에 온이 되기도 한다'는 무라카미 선생 얘기를 들었을 때 이런 사실을 활용할 수 있다고 생각했습니다. 특히 '밤에 온이 되는 유전자'는 쓸모 있다고 강조하셨는데…. 제가 잘못 알고 있는지도 모르겠습니다만.

무라카미 : 확실히 다른 학자들에게서는 별로 듣지 못한 주장일 겁니다.

요코자와 : 타인과 다른 독특한 발상이 없으면 진정한 학자는 될 수 없습니다. 웃음과 유전자의 관계를 조사한다는 것도 보통 사람들은 생각조차 못할 것입니다. 안 그렇습니까?

무라카미 : 제가 요시모토흥업과 함께 '웃음과 유전자 실험'을 한다고 했는데도 많은 학자가 믿어주지 않았습니다. 저희들은 우선 당뇨병 환자에 주목했는데 당뇨 전문가들은 "실력 있는 의사라면

이런 실험은 안 한다"고 못 박았습니다. 그런데도 우리는 모험을 결심했기 때문에 도전할 수 있었습니다.

요코자와 : 분명 그랬을 겁니다. 세계에서 누구도 시도하지 않은 새로운 실험이니 상식적인 머리를 가진 사람으로서는 생각할 수 없었을 것입니다. 유전자에 스위치가 있어서 온(on)이 되고 오프(off)가 된다는 발상은 정말 놀랍습니다.

무라카미 : 우리 유전자는 대부분 잠자고 있습니다. 항상 온이 되어 활동하는 유전자는 전체의 3퍼센트 정도로 알려져 있습니다. 잠자고 있는 좋은 유전자를 온으로 깨우면 인간의 가능성은 무한하게 확대되리라 생각합니다.

요코자와 : 듣기만 해도 가슴 뛰는 가설입니다. 저도 오랫동안 잠만 자는 유전자를 많이 갖고 있겠군요. 늘 잠이 쏟아지는데 유전자 때문일까요?

무라카미 : 저는 몇 년 전에 즐겁게 생활하면 좋은 유전자의 스위치가 온으로 되는 간단한 가설을 발표했습니다. 이것을 과학의 언어로 얘기할 수 있는 근거를 찾던 차에 요코자와 씨를 만나게 된 것입니다.

사회 : 그래서 유전공학자인 무라카미 선생님과 요시모토흥업이 짝을 이루어 세기의 대실험을 시작한 것이로군요.

과학은 지적 엔터테인먼트

과학과 요시모토흥업의 공통점 | 저는 유전자 연구 분야에 20년 이상 몸담고 있는데, 특히 현재 유전자 암호 해독 분야는 굉장한 속도로 발전하고 있습니다. 매일같이 새로운 것들이 발견되어 흥분됩니다. 살아 있는 것들을 연구하고 있으면 살아 있는 것들이 정말 대단하고 훌륭해보입니다. 수년 전 저는 '마음과 유전자 연구회'라는 것을 만들었습니다. 마음이 유전자에 어떤 영향을 주는지를 조사하는 모임인데 세계에서도 드문 연구회입니다. 제가 지금 이 연구회 대표를 맡고 있습니다. 이 연구회와 요시모토흥업이 특별한 행사를 기획했는데, 바로 웃음과 유전자의 관계에 관한 실험입니다. 이것은 웃음과 유전자의 관계를 밝히려는 세계 최초의 시도입니다. 과학이라는 것은 흥분할 일이 많은 매우 재미있는 학문입니다. 모르는 것을 알게 된다는 것은 지적 만족을 줍니다. 풀지 못한 문제가 풀리면 매우 큰 쾌감이 뒤따릅니다. 과학에는 매우 흥미로운 드라마가 있습니다. 저는 과학은 엔터테인

먼트가 될 수 있다고 생각합니다. 과학은 지적인 엔터테인먼트입니다. 그래서 엔터테인먼트라는 점에서 요시모토흥업과 일치한다는 것입니다.

웃음이 건강에 좋다는 설 | 웃음이 건강에 좋다는 얘기는 오래전부터 알려졌습니다. 기원전 중국 의학서에도 웃음이 건강에 좋다고 쓰여 있습니다. 웃음 때문에 암이 치료되었다는 얘기는 웃음이 건강에 좋다는 극단적인 예입니다. 그런데 많은 의사들이 아직 이러한 얘기를 별로 믿지 않습니다. 거기에는 여러 가지 이유가 있습니다. 하나는 웃음만으로 병이 치료되면 의사가 필요 없어지겠지요. 또 다른 이유는 의사들이나 과학자들을 납득시킬 수 있는 충분한 과학적인 근거가 아직 부족하다는 점입니다. 웃음이 정말로 병을 고쳤을 수도 있지만 우연히 병이 나았다고도 할 수 있을 것입니다. 그러면 어떻게 하면 웃음이 병을 낫게 했다고 증명할 수 있을까요? 이러한 것에 관해서는 아직도 자료가 모자랍니다. 그래서 저희들은 하나의 가설을 세웠습니다. 웃음이 병이 낫는 데 효과가 있다면 유전자 활동도 틀림없이 변할 것이다. 다시 말해서 웃음이 환자에게 좋은 스트레스를 주어 '유전자 활동'이 켜지는 것을 확인하자는 것입니다. 저희들은 '웃음이 병 치료에 효과가 있다' 그리고 '웃음이 유전자 활동을 변화시킨다'는 것을 과학의 언어로 설명하고 싶었습니다. 과학의 언어로 설명한다는 것은 누

구든지 인정하고 납득할 데이터를 얻는 것입니다. 그것이 가능하면 세계적인 대발견이 될 것입니다.

유전자의 기능 두 가지

유전자는 숙명의 인자는 아니다 | 유전자는 아버지와 어머니에게서 반반씩 얻는 것입니다만 태어나서 죽을 때까지 변하지 않는 숙명의 인자는 아닙니다. 유전이란 부모에게서 생김새나 성질 등을 자식들이 물려받는 것을 말합니다. 예부터 '개구리 자식은 개구리'라고들 합니다. 이 말을 듣고 성적이 나쁜 것이 부모에게서 유전된 것이어서 어쩔 수 없다고 포기하는 사람이 있을지도 모르겠습니다. 유전이란 운명처럼 결정되어 있어서 우리가 아무리 발버둥치더라도 변하지 않는다고 생각하면 말입니다.

한 사람 한 사람 고유하고 소중한 것이고 좋든 나쁘든 관계없이 우리는 아버지가 갖고 있는 유전자와 어머니의 유전자를 반반씩 물려받아 태어납니다. 개구리 새끼가 개구리가 되는 것은 그럴 만한 이유가 있는 것입니다. 유전자에는 이처럼 자기가 갖고 있는 유전자를 자손에게 전하는 '정보전달'이라는 기능이 있습니다. 최근 연구에 따르면 이 유전정보가 운명처럼 변할 수 없는 고정된 것이 아니라고 합니다. 유전자는 일생 동안 변하지 않지만 '기능'은 오히려 시시각각 변한다고 합니다.

단백질을 만드는 것도 유전자 | 실은 세포 속에서 유전자는 조금도 쉴 새 없이 움직이고 있습니다. 우리가 살아서 호흡하고 행동하는 데 필요한 단백질이나 효소, 호르몬 등은 전부 유전자에 있는 유전정보가 만드는 것입니다. 그래서 돼지고기를 먹어도 우리는 돼지가 안 되는 것입니다. 이것이 당연하다고 말합니다만 왜 그런지, 우리 몸에서 대체 어떤 일이 일어나고 있는지, 여러분은 혹시 생각해본 적이 있습니까?

우리가 돼지고기를 먹으면 우선 돼지고기 단백질은 아미노산이란 물질로 분해됩니다. 이것을 소화라 부르는데, 이때 분해된 물질이 돼지가 아닌 인간의 단백질 유전자 암호에 따라서 또다시 조직되는 것입니다. 이 때문에 돼지 단백질이 인간 단백질로 변합니다. 이것은 한 예입니다. 몸속에서는 잠시도 쉴 새 없이 유전자가 활동하고 있습니다. 그러나 많은 유전자가 잠을 자고 있다는 사실이 최근 밝혀졌습니다. 그래서 이 중 좋은 유전자의 스위치를 온(on)으로 하고 활동하고 있는 나쁜 유전자를 오프(off)로 할 수 있다면, 우리의 발전 가능성이 몇 배로 증가할지 모를 일입니다.

웃음이라고 하찮게 취급할 수 없다

웃음과 마음과 몸 | 일단 '웃음'이란 것에 대하여 조사해봤습니다. 모든 나라의 신화에는 웃음에 관한 것이 나옵니다. 신도 웃는다는 얘기가 있습니다. 그리스 철학자부터 스피노자, 칸트, 프로이트 더 나아가 진화론으로 유명한 다윈까지 웃음에 관해서 논문을 썼다는 것도 알 것입니다. 다윈은 자기 아이들을 실험했답니다. 이래서 '그저 웃음'이라고 취급할 수 없는 것입니다. 웃음은 인산의 본성과 매우 밀접하고, 병과도 깊이 관련돼 있습니다. 그런데 병이란 무엇입니까? 유전자 활동이 중심을 잃어 병을 유발하는 유전자 스위치가 온으로 켜져 생긴 것입니다. 지금은 고혈압도 유전자와 관계하여 일어나 유전자가 병의 원인이라는 사실이 알려지고 있습니다. 물론 웃음과 면역력의 관계는 아직 과학적으로 증명되지는 않았습니다만 전혀 근거가 없는 것도 아닙니다.

웃음뿐만 아니라 마음가짐도 우리 몸에 큰 영향을 줍니다. 예부터 짝사랑을 할 때 앓는 상사병이라는 것이 있었습니다. 가슴이 아픈 건 병은 아닙니다만 마음의 상처가 심장에 영향을 주는 것은 사실입니다. 제 경험에 따르면 좋아하거나 즐거운 일을 할 때는 전혀 피곤하지 않는데, 싫은 일을 억지로 할 때는 매우 피곤합니다. 이런 몸의 변화에 유전자가 전부 관여합니다.

유전자 활동은 스트레스 영향을 받기도 합니다. 좋은 스트레스가 유전자 스위치를 온으로 하면 몸의 나쁜 곳이 좋아지리라는 것이 제가 요시모토흥업과 같이 실험한 동기입니다. 우리 생각이나 마음가짐이 유전자에 어떤 영향을 주는지 웃음이라는 행위로 실험해보려고 시도한 것입니다.

웃음이 당뇨병에 좋을 것 같다 │ 웃음의 효용을 과학적으로 실증하기 위하여 저희들은 당뇨병에 착안했습니다. 당뇨병은 증상이 잘 느껴지지 않아 손쓸 수 없게 되는 경우가 많은 무서운 병입니다. 잠재적 환자를 포함해서 당뇨병 환자 수가 일본에는 1600만 명을 넘는다고 합니다. 성인 6명 중 1명이 당뇨병 환자라는 것입니다.

당뇨병 지표가 되는 혈당치는 아주 적은 양의 혈액으로 간단히 측정할 수 있으며, 결과는 명백합니다. 과학의 언어를 사용하려면 혈당치와 같이 숫자로 검증할 수 있어야 합니다. 웃음이 당뇨병에 효과가 있다면 유전자 스위치가 온·오프 활동을 할 것입니다. 그 결과가 수치로 명확하게 나타난다면 웃음으로 인한 유전자 변화를 아는 유력한 지표가 될 것입니다. 즉 '웃음이 당뇨병 치료에 효과적'이라는 사실을 혈당치로 확인할 수 있고, 혈당치가 변한 환자는 '어느 유전자 스위치가 온으로 되었는가'를 조사할 수 있습니다. 이러한 실험으로 지금까지는 짐작만 했던 '웃음과 유전자의 관계'를 과학의 언어로 얘기할 수 있게 된 것입니다.

웃음은 좋은 스트레스 | 당뇨병 교과서에는 스트레스를 많이 받으면 혈당치가 올라간다고 쓰여 있습니다. 화가 나거나 고통스럽거나 남에게 당하거나 하는 '나쁜 스트레스'를 받으면 혈당치가 올라간다는 것입니다. 여기서 나에게 퍼뜩 떠오르는 것이 있었습니다. 그렇다면 '좋은 스트레스' 즉 '선의 스트레스'를 주면 반대로 혈당치가 내려가지 않겠느냐는 것입니다. 혈당치가 내려간다는 것은 당뇨병 증상이 억제된다는 말입니다.

스트레스라 하면 나쁜 스트레스만 생각합니다만 스트레스가 전부 나쁜 것만은 아닙니다. 좋은 것이 있으면 나쁜 것도 있게 마련인데 저는 우연히 요시모토흥업 하야시 사장을 만나, '웃음'에서 좋은 스트레스를 조사하기 시작한 것입니다.

기념할 만한 첫 번째 실험

당뇨병 환자를 웃기다 | 요시모토흥업과 같이 실행한 '웃음과 유전자의 관계' 제1회 실험이 2003년 1월 11일과 12일에 걸쳐서 이루어졌습니다. 이 실험은 제가 요시모토흥업 하야시 사장과 요코

자와 씨를 직접 만나 도움을 요청해 시작되었습니다. 실험에서는 크게 두 가지를 조사했는데 우선 당뇨병과 웃음의 관계를 알아보았습니다.

이를 위해 당뇨병 전문 병원에 부탁해서 쓰쿠바 시 주위에 사는 중노년층 당뇨병 환자 19명을 대상으로 실험에 들어갔습니다. 당뇨병에는 여러 유형이 있습니다. 그래서 정확한 실험을 위해 될 수 있는 대로 유형이 같은 환자들을 선택했습니다. 자원봉사 학생들도 모집해 웃음과 유전자의 관계를 조사했습니다. 즉, 웃었을 때와 웃지 않았을 때 유전자 활동에 어떤 차이점이 있는지 알아보았습니다.

이 실험은 이틀 동안 실시됐는데 우선 첫날에는 점심식사 후 40분간 의과대학교수의 '당뇨병의 기원'이라는 강의를 듣게 했습니다. 전문가 아닌 환자들에게는 지루한 강의였을 것입니다. 대학교수 강의는 대체로 재미없기 때문입니다. 웃을 만한 장면이 별로 없고 흥분할 일도 없는 담담한 강의가 보통입니다. 첫날에는 식사 두 시간 전후에 각각 채혈하여 혈당치를 측정했습니다.

만담을 보며 크게 웃다 | 그런데 문제는 이튿날이었습니다. 실험 장소는 천 명을 수용할 수 있는 노바홀이라는 큰 공연장이었습니다. 쓰쿠바 시에서 행사장에 천 명을 모은다는 것은 대단히 어려운 일입니다. 그래서 저희들은 매스컴을 비롯해 모든 수단을 동원

해 선전했습니다. 그 덕분에 서 있는 사람이 있을 정도로 행사는 대성황을 이루었습니다.

19명의 당뇨병 환자도 그 행사장에 있었습니다. 이들은 전날 강의 시간과 같은 40분간 많은 관객과 섞여서 코미디 쇼를 관람했습니다. 실험에 참가한 환자의 평균 연령은 63세이며 그 나이대에서는 1980년대에 유행한 코미디를 알고 있었으므로 당시 유명했던 요시치와 요하치 두 배우를 출연시켰습니다. 코미디가 시작되기 전 저는 두 사람에게 귀띔했습니다. "이 실험은 역사에 남을 만한 것입니다." 이 말에 두 사람은 신바람이 난 걸까요? 지금까지 아무도 웃음과 당뇨병, 웃음과 혈당치 관계를 조사한 일이 없으니 두 사람 어깨에 힘이 들어간 건 어쩌면 당연한 일인지 모르겠습니다. 게다가 천 명이 넘는 관객 앞에서였으니까요. 이것이 연예인들을 비행기 태우는 방법인가 봅니다. 천 명 정도 들어가는 곳에 100여 명밖에 오지 않았다면 별로 내키지 않았을 텐데 서 있는 사람이 있을 정도로 초만원이니 분발할 수밖에 없었을 것입니다. 요시치가 먼저 말문을 여니 요하치가 그 말을 받아넘겼습니다.

요시치 : 옛날 사람들은 정말 형편이 어려웠어요.
요하치 : 예? 어떻게요?
요시치 : 식량이 부족한 시절이니 학교에서 돌아오면 배가 고파 견딜 수가 없어.

요하치 : 예전에는 모두 가난했으니까요.

요시치 : 그래서 할머니에게 "배고파!"라고 하면

요하치 : 할머니는 "뭐라고?"

요시치 : "배고프다고 생각하니까 그런 거야!"

(관객들의 웃음)

요하치 : 맞아요, 맞아. 그땐 정말 형편이 어려웠어.

요시치 : 그런데 묘한 건 '배고프다고 생각하니까 그렇다'라고 생각하면 '정말 그런가?' 하고 생각이 든단 말이지.

(관객들의 웃음)

요하치 : 그건 그래!

요시치 : 그래도 밤이 되면 배가 고파서 견딜 수가 없어.

요하치 : 한참 자랄 때니까.

요시치 : 그래서 다시 할머니에게 말이야 배고프다고 했더니….

요하치 : 할머니는?

요시치 : "큰일이다. 빨리 자거라!"

(대폭소)

요하치와 요시치의 만담에 공연장 안에서는 폭소가 연발했습니다. 천여 명의 관객은 배꼽을 잡고 눈물까지 흘리며 웃고 야단이었습니다. 이 웃음의 에너지에 힘입은 두 사람은 더욱더 분발해서 열연했고 그것이 사람들을 크게 감동시켰습니다. 행사장에 있던 환자들도 크게 몇 번이고 웃었습니다. 물론 저도 숨 고를 겨를도 없이 연신 웃어젖혔습니다. 나중에 요코자와 선생이 그러더군요. "요시치와 요하치는 역시 프로입니다. 두 사람은 관객의 반응을 읽으면서 화제를 재미있게 바꾸어 간 것입니다."

행사가 끝난 뒤 환자들의 혈당치를 측정해보니 서의 보는 환자의 혈당치 상승이 억제된 것을 볼 수 있었습니다. 즉, 제1회 실험은 예상대로 대성공이었습니다.

평균 46밀리그램 혈당치 차이가 났다 | 식사 후에는 정상적인 사람도 혈당치가 오르므로 당뇨병 환자는 더 급격히 오릅니다. 실험 첫날 강의를 들은 뒤 혈당치를 쟀더니 혈액 100밀리리터당 평균 123밀리그램이 상승했습니다.

그런데 2일째 코미디 쇼를 본 뒤 혈당치는 77밀리그램밖에 올라가지 않았습니다. 평균 46밀리그램의 차이가 난 것입니다. 지금까지는 당뇨병 환자의 혈당치 상승을 억제하려면 인슐린을 주사하거나 식사를 제한하거나 운동을 시키든지 하는 정도의 방법밖에 없었습니다. 그런데 크게 웃음으로써 혈당치 상승이 억제된 것입니다.

웃음과 건강의 관계가 보인다 | 저희들은 제1회 실험으로 웃음이 당뇨병 환자의 혈당치 상승을 억제한다는 확증을 얻었지요. 물론 피실험자(환자)의 수와 조건이 제한적이어서 아직은 과학적인 임상 실험입니다만. 그러나 이것이 연구의 시발점이 되었음은 틀림없습니다.

또한 이 실험과 동시에 진행된 학생들의 유전자를 조사하는 실험에서도 어떻든 '웃음과 유전자가 관계있다'는 사실이 밝혀졌습니다. 실험에서 조사한 유전자 중에서 크게 웃은 학생들의 유전자 10개가 온(on), 5개가 오프(off)로 되는 변화를 보였습니다. 이 실험 결과를 근거로 '웃음과 유전자'에 관해서 가설을 세울 수 있었습니다. 웃으면 유전자가 온으로 되고, 그 결과 당뇨병이 치료될 가능성이 있다는 것입니다.

세계로 뉴스가 퍼지다 | 이 실험 결과에 저희들은 크게 고무되었습니다. 곧 논문을 정리해서 세계적으로 권위 있는 미국 당뇨병학회지에 투고했습니다. 그리고 논문이 그해 5월호에 실렸습니다. 개인적으로는 가장 빠른 연구 결과였습니다.

논문 게재 후 실험 개요가 <로이터통신>을 거쳐 세계로 송신됐습니다. 미국에서는 <워싱턴포스트>, <뉴스위크> 등에 실렸습니다. 저도 기회가 있을 때마다 실험 결과를 강연했습니다. NHK 라디오 프로그램에 출연해 실험 내용을 소개하기도 했습니다. 이 프로그램은 청취자가 수백만이 넘어 반향이 대단했습니다. "요시치와 요하치라는 약은 어디서 파느냐?"는 우스운 질문을 하는 청취자도 있었습니다.

즐거운 치료가 시작될지 모른다 ∣ 이 실험이 성공했으므로 저희들은 이것이 선구적인 치료법이 될지 모른다고 기대했습니다. 웃음, 즐거움, 감동 등의 좋은 스트레스가 유전자 활동을 변화시켜 당뇨병 치료에도 이바지하리라 기대했습니다. 현재의 일반적인 당뇨병 치료는 환자에게는 힘듭니다. 수술은 웬만하면 누구라도 하고 싶어하지 않습니다. 약도 될 수 있는 한 먹고 싶지 않겠지요. 너무 많이 먹으면 부작용이 생길 수도 있으니까요. 따라서 대개 사람들은 가능하면 약을 먹지 않고, 먹더라도 양을 줄이고 싶을 것입니다.

그런데 웃음에는 부작용이 없습니다. 저는 과학자입니다. 여러 가지 상상하는 것을 좋아합니다. 만일 웃음이 병을 치료하는 힘이 있다면 병원은 어떻게 될까요? 병원 대합실에서 코미디언이 연기하는 극을 보다 진찰실로 들어갔더니 이번엔 의사 선생님이 싱글벙글 웃으면서 맞이해줍니다. 의자와 환자는 서로 편안하게 대화하고, 의사의 농담과 웃음으로 진찰이 끝납니다. 약국에서는 웃음의 비디오가 지급되고 비디오에는 "매일 1회 30분간은 잘 웃을 것"이라는 권고문이 붙어 있습니다. 생각만 해도 너무나 좋은 일 아닙니까?

저희들의 실험은 '의료혁명'에 버금가는 '세기의 발견'이 될지도 모르겠습니다. 선구적인 '즐거운 치료'가 되었으면 좋겠습니다.

연구 과제가 보인 두 번째 실험

도쿄나 신주쿠에서 요시모토 희극을 보다 | 2003년 7월 12일, 도쿄 신주쿠에 있는 극장에서 '웃음과 유전자'에 관한 두 번째 실험을 시작했습니다. 실험 방법은 제1회 때와 같았습니다. 첫날에는 피실험자들에게 점심을 먹기 전에 진지한 강연을 듣게 하고, 두 번째 날에는 전날과 같이 점심을 먹은 후 코미디 쇼를 보인 뒤 채혈해 쇼와 강연 전후에 혈당치가 어떻게 달라졌는지, 유전자 변화는 있었는지를 조사하였습니다.

지난번과 웃음의 정도가 달랐다 | 무대에서는 배우들의 열연이 계속되었습니다. 공연장에 와 있는 젊은이들의 연속적인 폭소. 그러나 저는 좀 걱정이 됐습니다. 왜냐하면 1회 때와 웃음의 질이 다른 것 같았기 때문입니다.

극 내용은 비슷했지만 배우들이 너무 젊었습니다. 쓰쿠바 시에서 온 피실험자들의 평균 연령이 높아서 그런지 지난번처럼 '배꼽을 쥐고', '눈물이 날 정도로' 크게 웃는 일은 없었습니다. 어느 정도 고령자들도 즐길 수 있게 특별히 대본을 고쳐 썼는데도 말입니다. 피실험자들이 때때로 크게 웃기는 했으나 어딘지 모르게 분위기는 썰렁했습니다. 아직도 흥을 타지 못한 것 같았습니다.

저희들은 걱정은 되었지만 실험 분석을 계속했습니다. 그리고 실험이 끝난 뒤 웃음과 혈당치뿐만 아니라 웃음과 유전자의 관계도 조사해나갔습니다.

유전자의 온·오프를 한눈에 보여주는 DNA칩 │ 유전자 변화는 'DNA칩'이라는 것을 사용해서 조사합니다. DNA칩은 수센티미터의 사각형 유리판 위에 다수의 유전자(염기의 배열)를 붙인 것으로 유전자의 활동 상태를 수치로 표현한 것입니다. 이것은 좀 전문적인 얘기입니다만 저도 과학자이므로 해설을 덧붙이겠습니다.

유전자 근본인 DNA 구조는 이중나선형입니다. 꼬여 있는 사다리가 계속 연결되어 있는 모양입니다. 그 긴 DNA 사다리 끝에 붙어 있는 염기가 다른 염기와 결합하는 상대가 결정되어 있습니다. 상대가 다르면 결합할 수 없습니다.

DNA칩은 이 성질을 이용해서 유전자 활동을 조사하는 것입니다. DNA칩은 유전자가 활동하고 있으며 상대와 결합되면 색이 변하는 것을 관찰하게 해줘 변화된 유전자를 찾을 수 있게 합니다.

DNA칩은 미국 제품이 우수합니다. 미국 제약회사에서 구입한 DNA칩으로 실험했는데 한 사람의 유전자 변화를 조사하는 데 약 천 엔(우리 돈으로 100만 원 정도)이 필요합니다. 한 사람만으로는 과학적인 증명이 안 되므로 저희들은 몇 명의 유전자를 조사하기로 했습니다. 그러려면 실험 비용이 많이 듭니다. 과학이란 생각보다 돈이 많이 드는 것입니다.

큰 성과를 얻기 위한 교훈 │ 요시모토의 코미디 쇼를 보러 모처럼 쓰쿠바 시에서 피실험자들을 오게 했는데 이번 실험에서는 제1회에 필적할 만한 큰 성과는 얻을 수 없었습니다. 앞에서 얘기한 것처럼 '웃음의 정도'가 문제일 수도 있습니다만 아무래도 젊은이의 도시인 대도시 신주쿠에 와서 강한 스트레스를 받은 것이 아닌가 싶습니다.

그러나 실험이 실패한 것은 아닙니다. 저희들은 '마음속에서 크게 웃는' 것이 유전자 변화와 관련 있다는 것 그리고 너무 큰 스트레스를 받지 않는 상태에서 실험해야 한다는 사실을 확인했습니다.

그래서 다음 실험은 '피실험자들이 사는 쓰쿠바 시에서 하는 것이 좋겠다는 목표가 섰습니다. 실험이라는 것이 항상 성공한다고는 볼 수 없습니다. 그러나 실패로 보이더라도 다음에 참고할 만한 교훈을 얻었다면 그것으로 족한 것입니다. 저희들의 연구는 학교 공부와 달리 누구도 답을 모르는 상태에서 진행되는 것입니다.

답은커녕 '과학의 언어로 웃음과 유전자의 관계를 해명하는' 방법을 보여주는 참고서도 없습니다. 따라서 이런저런 느낌으로 실험을 진행시키지 않는 한 아무것도 발견할 수 없는 상황이었습니다.

성공도, 실패도 '세계 처음'인 것이지요. 그러므로 '아! 잘 안 된다'로만 끝낼 수 없는 것입니다. 실험 자체에 진실이 담겨 있으니까요.

'밤의 과학'이 재미있다

떠오르는 것이 바로 대발견의 시작 | 과학자 하면 어떤 사람이 떠오르십니까? 용모는 제쳐두고 말하면 과학자는 언제나 논리적이고 객관적인 사실만을 추구하는 사람들 같지 않습니까? 과학도 그렇습니다. 학교에서 공부하는 수학은 이미 완성된 결과를 정리한 것이어서 거기에는 객관적 사실만이 쓰여 있습니다.

그러나 발견이라는 것은 사실에 사실을 축적해서 나오는 것이 아닙니다. 당연한 보통의 사실을 축적하는 데에서 끝나는 거라면 누가 해도 결과는 마찬가지입니다. 그러면 어떤 경우에 위대한 발견이나 발명이 나오는 것입니까?

과학에는 순수한 감성, 누구도 생각지 못하는 직관, 그리고 영감

(inspiration)으로밖에 볼 수 없는 세계가 있습니다. 노벨화학상을 수상한 다나카 고이치는 실험 중 실수로 고체 분말에 글리세린을 쏟아버렸습니다. 보통은 그럴 경우 그것을 버리는데 다나카는 그 분말을 활용해 생각지도 않던 대발견을 하게 됩니다.

생각해보면, 곰팡이와 인간의 세포를 융합하는 기술의 원리도 우연히 발견된 것입니다. 어느 학생이 교수가 하라는 대로 실험을 하고 있었는데 잘 되지 않았습니다. 화가 머리 꼭대기까지 치민 학생은 교수의 지시에는 없던 물질을 넣습니다. 그랬더니 융합이 시작되어 새로운 발견을 하게 된 것입니다. 실패도 때로는 대발견 으로 이어진다는 예입니다.

그렇다고 억지로 실패할 필요는 없습니다만 새로운 발견을 하고 싶으면 지금까지 상식에 얽매여서는 안 된다는 것입니다. 실패 했거나 일이 잘 안 풀릴 때 지금까지 상식을 깨는 현상이 일어나면, 그것을 비상식적이라 여겨 버리든지, 재미있다고 여겨 실험을 진행시키든지 하는 것이 과학자로서 승부를 거는 행동입니다.

이처럼 창조성이 풍부한 감성 세계의 상식에서 한 걸음 떨어진 황당무계한 곳에 무엇인가가 있는데, 저는 이 세계를 '밤의 과학' 이라고 부릅니다.

과학의 두 얼굴, '밤의 과학'과 '낮의 과학' | 낮의 과학(Day Science)이 객관적이고 이론적이라면, 밤의 과학(Night Science)은

주관적이고 감각적입니다. 보통 과학자가 강의하고 학회에서 발표하는 것은 낮의 과학에 해당됩니다. 다시 말하면 완성된, 만들어진 세계입니다. 반면 밤의 과학은 이 만들어진 결과에 도달하는 과정과 관련 있습니다. 40년 이상 생명과학을 연구하는 별 볼일 없는 과학자입니다만 제가 밤낮 연구에 몰두할 수 있는 것도 과정이 감동스럽고 놀랍기 때문입니다. 언제나 그저 그렇다는 현상만 일어나면 재미가 없겠지요.

직감이나 영감, 이상한 체험 등으로 힌트를 얻고 연구를 계속하면 생각지도 못했던 것들이 발견됩니다. 그런 놀라움이 있기에 재미있게 연구하고, 연구를 그만두지 못하는 것입니다.

밤낮으로 계속 연구와 실험을 하다가 밤에 동료들과 이런저런 얘기하는 중에 퍼뜩 떠오르는 것이 있으면 그대로 실험실로 달려와 실험하는 일도 저희들에게는 매우 일상적인 풍경입니다. 실험할 때처럼 열심히 사업하면 큰돈을 벌지도 모른다는 생각을 안 하는 것도 아닙니다. 그러나 그런 것보다는 생명의 신비에 한 걸음 두 걸음 나아가는 게 우리 가슴을 두근거리게 하고 흥분시킵니다.

저희 연구는 아무도 답을 모르는 상태에서 시작합니다. 누가 맨처음 답을 발견하느냐를 놓고 경쟁하는 것입니다. 그래서 흥분의 연속입니다.

유전자 연구에서부터 생명의 존엄을 느낀다

'유전자 = 생명'은 아니다 | 세포는 물질로 되어 있으므로 물질을 연구하면 틀림없이 생명의 비밀도 밝혀진다고 많은 과학자가 생각하고 있을 것입니다. 그러나 저는 물질만으로는 생명의 존재 이유를 설명할 수 없다고 생각합니다.

인간에 대해서도 인간이 물질만으로 되어 있느냐는 질문에 현재 과학은 답을 찾지 못했습니다. 유전자 암호만 풀면 생명을 알수 있다는 사람들이 있습니다만 그것은 너무나 낙관적인 태도입니다. 그렇다면 우리 생명은 대체 어디서부터 시작된 것일까요?

인간을 놓고 보면 수정란에서 생명이 시작된다고 할 수 있습니다. 세포 한 개 한 개에 생명이 있으니까요. 그렇지만 근본적으로 생명이 무엇인가에 관해서는 과학적으로 밝혀지지 않았습니다. 예를 들면 '배아줄기세포(ES세포)'가 있습니다. 이 세포는 만능세포라고도 합니다만 수정란에서 세포분열된 것으로 손이나 발, 폐나 심장 등 무엇으로든지 변화가 가능한, 우리의 기본 세포입니다. 배아줄기세포를 사용하면 유전자 구조가 자신과 같은 장기를 만들 수도 있습니다. 머지않아 복제인간도 만들 수 있게 되겠지요. 그래서 배아줄기세포는 윤리상 문제가 있다는 것입니다. 그러나 인간 복제를 논하기에 앞서 일본에서 연간 30여 만 명의 태아가

죽어가는 현실을 상기해야 합니다. 배아줄기세포보다 더욱더 인간에 가까운 태아의 생명에 대해서는 거의 논의하지 않으면서 이 세포가 좋으니 나쁘냐만 거론하고 있는 것입니다. 역시 저는 생명이라는 것은 인간만으로는 안 된다는 사실에 입각해야 한다고 생각합니다.

첨단기술은 여러 문제들을 해결해주었습니다만 '생명이란 무엇인가?', '생명이 존재하는 이유는 있는가?'라는 근본적인 물음은 잊고 있습니다. 잊기보다는 의식적으로 외면하기 때문에 장기이식이나 뇌사도 인정하는 것입니다.

생과 사는 유전자에 새겨진 프로그램 | 과학은 양면을 갖고 있습니다. 같은 과학기술이 좋게도 나쁘게도 사용되는데 생명 문제에 관해서 우리는 별로 생각하지 않았습니다. 배아줄기세포에서 복제인간을 만드는 기술에 관해서는 많은 사람이 좋지 않다고 생각하지만, 자신의 세포에서 자기 장기를 만드는 것에 대해서는 실현해줄 것을 원합니다.

여기서 문제가 되는 것은 병이 치료되어 오래 건강하게 사는 것이 '절대적으로 좋다'는 전제 조건에서 이 모든 실험이 이루어진다는 것입니다. 인간은 언젠가는 다 죽게 마련입니다. 그런데도 의학에서는 병으로 죽으면 '패배'했다고 여깁니다. 죽음이 패배라면 인간의 최후는 패배로 끝난다는 말이 됩니다. 그렇다면 인생은 행복한 것이 아니라는 말이 되어버리지 않겠습니까? 생명이 소중한 것은 두말할 나위가 없습니다만 죽음이 패배라는 것은 좀 다르지 않겠습니까? 그래서 저는 '생명이란 무엇인가'라고 묻고 싶습니다. 생과 마찬가지로 죽음도 자연적인 것입니다. 왜냐하면 우리 유전자는 세포를 살리는 메커니즘과 세포를 죽이는 메커니즘을 모두 가지고 있기 때문입니다.

생과 죽음, 그것이 짝으로 되어 있으므로 언제까지나 살고 싶다거나 자기만은 오래 살고 싶다는 것은 지나친 희망입니다. 처음부터 세포 자체는 매일매일 삶과 죽음을 되풀이하는 것입니다. 우리는 언젠가는 죽습니다. 그것은 피해야 한다는 것이 아니라 '어떻게 멋지게 죽느냐'가 중요한 것입니다.

이러한 생과 죽음은 종교인뿐만 아니라 과학자를 비롯한 일반인, 학생들도 깊이 생각해야 된다고 생각합니다.

마음가짐에 따라 유전자가 온(on)으로 된다

유전자 스위치가 바뀐다 | 여기서 유전자의 온·오프에 관해서 좀더 자세히 설명하겠습니다. 유전자에는 '활동하고 있다 = 스위치의 온 상태'와 '활동하고 있지 않다 = 스위치의 오프 상태' 두 종

류가 있습니다. 더구나 그것은 '온 또는 오프 어느 쪽으로 굳어진' 것이 아니라 '30퍼센트가 온이고 70퍼센트가 오프'처럼 강약의 상태로 유동적입니다. 유전자 스위치가 온으로 되는 데에는 인간의 생각이나 행동과 관계없이 자율적으로 행해질 때와 외부 자극이나 변화 등 타율적으로 행해질 때가 있습니다. 예를 들면 우리 심장은 깨어 있을 때뿐만 아니라 자고 있을 때도 움직입니다. 특별히 의식하고 있지 않더라도 팔딱거리며 전신에 혈액을 보내줍니다. 이것이 자율적이라는 것입니다.

심장세포 유전자는 지기 역힐인 심장 고동을 계속하기 위해 자율적 온의 상태를 보전해줍니다. 그런가 하면 자동차에 치일 뻔했을 때 깜짝 놀란다든지 사랑하는 연인 옆에 있을 때 심장이 두근두근거리기도 하는데, 이것은 외부 자극으로 심장 활동이 변했다는 것을 말합니다. 타율적인 유전자의 활동 중 하나지요.

심장처럼 언제나 같은 활동을 하는 유전자가 있는가 하면 근육 처럼 외부 자극으로 그때까지 쉬고 있던 유전자가 '온'으로 깨어나거나 역으로 활동하던 유전자가 활동을 멈추는 일도 있습니다.

손톱은 깎아도 어느새 자랍니다. 피부도 목욕탕에 들어가서 싹싹 비비면 때가 되어 떨어져 나가지만 새로운 피부가 자연히 만들어집니다. 손톱이나 피부 등은 전부 세포로 되어 있습니다. 어떤 세포는 죽고 어떤 세포는 새로 생기는 등 세포는 항상 신구가 교체됩니다. 이런 일들이 일어나는 것도 모두 유전자가 단백질을 만들게 지시하기 때문입니다.

어떤 때에 유전자가 '온'이 되는가 | 유전자 활동은 '온'도 되고 '오프'도 됩니다. 여기서 문제는 어떤 때 오프가 되느냐는 것입니다. 유전자 스위치가 온이 되는 원인에는 전기쇼크나 약물 등으로 인한 화학적 쇼크를 우선 생각할 수 있습니다. 심리적 스트레스도 유전자의 온·오프와 관련 있고요.

스트레스에는 '좋은 스트레스'와 '나쁜 스트레스'가 있습니다. 두 경우 모두 유전자의 스위치 온·오프와 관련 있다고 생각됩니다. 예를 들면 웃음이라는 행위는 좋은 스트레스를 준다고 여깁니다. 걱정거리는 나쁜 스트레스의 예입니다. 저는 아주 예전부터 '인간의 사고가 유전자 활동을 변화시킨다'고 주장해왔습니다. 제가 심리적 스트레스와 유전자 온·오프가 관련 있다는 가설을 제시한 것은 1997년이었습니다. 당시 이 가설을 뒷받침할 만한 데이터는 거의 없었습니다. 그러나 최근 여러 연구가 이루어지고 있고 보고도 되고 있습니다.

특히 주목할 것은 웃음이라는 좋은 스트레스가 건강뿐만 아니라 병의 치료에도 효과적이라는 보고입니다. 만일 암을 유발시키는 유전자를 잠자는 상태 즉, 오프로 해두면 인간은 암에 걸리지 않을 것입니다. 암 환자에게 희극이나 코미디를 관람하게 했더니 자연 면역력을 담당하는 세포가 활성화되고, 아토피성 피부염 환자의 증상이 호전됐다는 임상 보고가 있습니다. 이처럼 웃음은 자연 치유력, 즉 면역력을 높이는 효과가 있는 것 같습니다. 이것은 병이 치료될 가능성을 뜻합니다.

저는 웃음이라는 좋은 스트레스로 유전자 스위치가 온으로 켜진다는 사실을 과학의 언어로 설명하고 싶어 요시모토흥업에 실험을 협조해달라고 요청한 것입니다.

2 웃음은 웃음으로 끝나는 것이 아니다

웃음이 있는 기분 좋은 의료란 무엇인가

사회 : 웃음 연구를 문화론이라 할 수 있습니까? 과학의 언어로 웃음을 얘기할 날이 오리라고는 꿈에도 생각지 못했습니다.

요코자와 : 이래도 웃음, 저래도 웃음. 요시모토흥업이라는 데는 웃음을 비즈니스로 삼아 일본 전체를 활기차게 하려는 회사로, 무라카미 선생님이 진지하게 '웃음과 유전자의 관계' 연구에 몰두하는 것을 보고 기꺼이 협력하기로 했습니다.

무라카미 : 그런 요시모토흥업이 오사카에서 도쿄에 걸쳐 바보 운동을 펼쳤습니다. 이 운동이 크게 성공해서 도쿄도 원기를 찾은 것이 아닙니까?

요코자와 : 아직도 부족합니다. 더 '바보'다워져야 합니다.

무라카미 : 예, 알았습니다.

요코자와 : 다음으로는 15억 중국인에게 바보 운동을 전파할까요? 바보를 많이 만드는 운동이 드디어 국제운동으로 전파되는 것입니다. 그러기 위해서 저희들은 더 철저히 바보가 돼야 합니다.

무라카미 : '바보는 신의 바람'이라는 옛말이 있습니다. 신은 훌륭한 척하는 사람을 아주 싫어한답니다. 제아무리 일류 대학에 들어갔더라도 그런 인간으로 태어났다는 대단함, 훌륭함은 실은 아무것도 아닙니다.

요코자와 : 공감되는 말입니다.

무라카미 : 유전자 레벨에서 보면 노벨상을 수상하는 천재도 그 근처에 있는 보통 아저씨도 유전자의 99.99퍼센트는 같습니다. 인간의 다른 점은 오차가 나는 정도입니다.

요코자와 : 왠지 기분이 점점 더 좋아지는데요?

무라카미 : 저도 그렇습니다.

요코자와 : 그 '좋은 기분'이라는 것이 매우 중요합니다. 예를 들면 병원에서는 병은 치료해주려고 하지만 마음은 어떤가요? 본래 병을 고치는 것은 기분이 좋아지기 위해서이죠. 그런데 병원에 다니면서도 '몸이 계속 안 좋다'고 말하는 분들이 많습니다.

무라카미 : 확실히 의사들은 환자의 마음속까지 치료해야 한다고 생각합니다. 현대의 서양의학은 환자들의 마음을 소외시켜왔습니다.

요코자와 : 의사라는 직업도 인간을 상대로 하는 서비스업으로 볼 수 있습니다. 서비스업이면 접대가 중요하지요. 환자가 병원에 오면 "어서 오십시오!" 돌아갈 때는 "또 오십시오!"(웃음) 하면서 웃음으로 대해야 합니다. 기분 좋게 병을 치료해서 건강해지면 그 이상 좋은 일이 어디 있겠습니까.

무라카미 : 이것은 대학교수에게도 해당됩니다만, 의사들은 권위를 세우려는지 잘 웃지 않더군요.

요코자와 : 너무 실실 웃는 것도 좀 문제가 있습니다만 상냥하고

친절한 의사들은 확실히 적습니다. 의사 선생님들이 너무 바빠서 일까요?

무라카미 : 세이로가 고구사이[聖路加國際] 병원의 히노하라 선생 님같이 친절하게 웃는 얼굴로 대해주면 그것만으로도 병이 나을 것 같던데…. 달라이라마에게서 들은 얘기인데요, 인도에는 '웃음 치료법'이 있답니다.

요코자와 : 웃음만으로 병이 치료된다는 말이지요?

무라카미 : 예. 인도에서는 가난한 사람은 병원에도 못 가요. 그 래서 웃음으로 마음을 치료한답니다. 웃음으로 치료하는 곳이 1200군데나 된다고 해요.

요코자와 : 일본에서도 마음의 치료를 중시하는 병원이 있습니까?

무라카미 : 점점 늘어나고 있습니다. 도쿄에 있는 복지 시설에서 는 먼저 서양의학으로 치료한 다음 마음을 치료했답니다. 그런데 좀처럼 병이 낫지 않자 이번에는 직원들이 성심성의껏 마음을 쏟 아서 환자를 대해봤습니다. 마음 치료를 먼저 한 뒤 서양의학으로 치료하는 순서로, 지금까지와 반대로 해보았습니다. 그랬더니 지

금까지 별로였던 증상에도 변화가 보였다는 것입니다.

요코자와 : 병은 마음에서 일어난다더니 정말이군요. 무라카미 선생님의 연구 결과가 나오면 전국의 병원에서 환자를 대하는 태도가 달라져 일본 전국이 활기찰 것 같습니다.

일본웃음학회

일본웃음학회에 들어가다 | 웃음은 단지 인간의 마음과 몸에 관한 문제뿐만이 아니라 의사소통이나 인간관계에서도 중요한 의미를 갖습니다. 그래서 연극이나 문학, 예술에서도 웃음은 주요 소재가 되었습니다. 웃음은 우리 마음을 치유합니다.

저는 실험을 계속하기 위해 '일본웃음학회'에 가입했습니다. 웃음학회는 웃음에 관심 있으면 학력, 나이, 직업에 관계없이 누구든지 입회할 수 있는 시민 참가형이었습니다. 실제로 천여 명의 회원들은 홋카이도부터 오키나와까지 전국에 퍼져 있으며, 회원 직업도 의사 · 작가 · 회사원 · 주부 · 간호사 · 신문기자 · 교사 · 치과의사 · 아나운서 · 텔레비전 프로듀서 · 평론가 · 코미디언 · 승려 등으로 다양합니다. 지금까지는 철학, 심리학, 사회학, 문예학, 인류학, 의학 등의 분야에서 웃음과 유머를 전문적으로 연구해왔습니다. 일본웃음학회는 이런 벽을 넘으면서 웃음에 관한 종합적인 연구를 무료로 하고 있습니다. 웃음이나 유머는 인간의 근본적인 부분과 관련돼 있습니다. 여러 각도에서 종합적으로 연구해야 웃음이 가지고 있는 효과가 더욱더 멋지게 드러날 것입니다.

웃음학회에서는 여러 종류의 연구가 발표되고 있습니다. 그중 바이러스나 악성종양을 공격하는 면역세포를 활성화하는 실험을 했는데 스트레스를 많이 받는 사람보다 보통 때에도 잘 웃는 사람의 세포가 더 활성화되고, 이때의 웃음은 단순히 '양'이 아니라 주관적인 웃음의 '질'과 관련돼 있다고 합니다. 웃음의 연구에 관해서 저는 완전히 아마추어입니다. 그래서 일본웃음학회에 들어가 여러 사람과 얘기하면서 웃음의 위대함을 뼛속 깊이 느꼈습니다.

웃음의 철학을 배우다 | 웃음학회에서 알아낸 것 중에서 무엇보다도 재미있었던 것은 웃음에 역사가 있다는 것입니다. 즉 옛적부터 우리는 웃음과 관계가 깊었고, 웃음에 관한 얘기가 전승되어 왔습니다.

고대 그리스 시대에는 플라톤, 아리스토텔레스, 소크라테스와 같은 철학자들이 웃음에 대해서 언급했습니다. 이 중 플라톤은 웃음이라는 것을 부정적으로 보았습니다. 즉 타인의 불행을 보고 재미있어 하는 부도덕한 행위라고 여겼지요. 이것은 우리 분류로 치면 조소에 해당하는 웃음이 아니겠습니까?

그후 데카르트, 쇼펜하우어, 니체 등 많은 철학자도 웃음에 관한 논문을 썼습니다. 예를 들면, 칸트는 그의 저서 『판단력 비판』에서 '웃음은 긴장이 갑자기 풀어지면서 생기는 정서'라고 정의했습니다. 또 농담을 예로 들어 웃음이 건강에 좋은 효과가 있다고 말했습니다.

다윈은 생후 7일밖에 안 된 자기 아이의 발바닥을 종이로 간질여 그 모습을 보고 「인간과 동물의 표정에 관해서」라는 논문을 쓰기도 했습니다. 또한 자기 아이뿐만 아니라 다른 세 사람까지 가만히 관찰해서 웃을 때까지를 기록했습니다.

정신분석학자로 유명한 프로이트 논문에도 많은 농담이 나옵니다. 농담을 소재로 웃음과 관계있는 기지, 익살, 유머를 무의식, 꿈의 세계와 연결시켜 분석하고 있습니다.

태아도 웃는다 | 일본웃음학회에서 또 하나 공부한 것을 소개합니다. 8개월째에 접어든 뱃속의 태아를 보면 웃고 있는 듯하다는 것입니다. 이것은 유전자와 관계있는 것 같습니다. 아기는 태어나서 좀 있으면 웃습니다. 이것을 '엔젤 스마일(Engel smile)'이라 하는데 아기의 커뮤니케이션 수단인 것 같습니다. 부모가 아이의 웃음이 귀여워 스킨십을 하면 점점 더 웃고, 나중에는 활짝 웃습니다. 역으로 부모가 아무 태도도 취하지 않으면 아기는 웃지 않게

됩니다. 나중에는 말도 늦게 배운다고 합니다. 웃음은 아기의 말 공부가 되는 것입니다.

인간은 동물과 달리 말을 할 수 있습니다. 그러나 말이 있기 전에 웃음이 있었습니다. 역사 속 많은 철학자가 웃음을 주제로 논문을 쓴 것도 웃음이 인간의 근본을 형성하고 있기 때문인지 모르겠습니다.

신도 웃는다

신화에는 꼭 웃음이 있다 | 웃음의 역사에서 신화를 잊어서는 안 됩니다. 모든 나라의 신화에 웃음이 나오니까요. 고대 그리스 신화에는 다음과 같은 얘기가 나옵니다.

곡물의 여신인 데메테르는 자신과, 신들의 왕 제우스 사이에서 태어난 딸 페르세포네와 행복하게 살고 있었습니다. 그러던 어느 날 지하세계에 사는 하데스가 페르세포네를 데려가 버렸습니다. 이 때문에 실의에 빠진 데메테르는 노파로 변장해 인간 세계에 몸을 감추었습니다. 그로 인해 사람들은 굶주리고 고통에 빠졌지요.

제우스는 하데스에게 페르세포네를 지상으로 돌려보내라고 명합니다. 그러나 페르세포네는 지하세계에서 석류를 먹어서 지하

세계 사람이 되어버렸습니다. 제우스가 타협안을 제시해서 페르세포네는 1년의 3분의 1은 지하세계에서, 나머지 3분의 2는 어머니 데메테르와 같이 살게 됩니다.

데메테르는 딸이 지상으로 돌아오자 여신으로서 자기 일에 매진합니다. 지상에서는 다시 꽃이 피고 초목이 무성해지며 곡물이 여물었습니다. 그러나 딸이 지하세계로 돌아가면 곧 슬픔에 잠겨 땅 위의 꽃은 다시 시들고 초목도 말라버렸습니다. 그리고 지상에는 겨울이 찾아왔습니다. 이 신화에서는 웃음이 중요한 위치를 차지하고 있습니다. 딸을 잃은 데메테르가 지상을 방황하고 있을 때 엘레우시스 왕의 궁전에 손님으로 초대됐습니다. 데메테르는 페르세포네를 빼앗긴 슬픔으로 말 한 마디 하지 않고 식음도 전폐하고 있었는데, 그런 데메테르의 마음을 위로하려고 한 하녀가 우스운 춤을 추었습니다. 그것을 본 데메테르는 웃음보가 터져 밥까지 잘 먹게 되었답니다.

일본 신화에서도 신이 웃다 | 이런 얘기는 일본 신화에도 나옵니다. 하늘의 석실문 얘기입니다.

어느 날 동생 스사노오의 무례한 행동에 화난 아마테라스는 하늘의 석실문을 열고 그 속에 들어갑니다. 아마테라스는 태양신이었으므로 갑자기 세상이 깜깜해져서 온갖 재난이 일어납니다. 이 사태로 곤란해진 800만의 신들이 하늘로 이어진 하천에 모였습니다. 신들은 별의별 수단을 다 써서 아마테라스가 석실문에서 나오기를 빌었습니다. 그 신들 속에 아메노우즈메가 있었는데 그녀가 이상하고 재미있는 춤을 추자 신들이 다같이 웃어졌습니다. 이 웃음을 엿들은 아마테라스가 석실문을 빠끔히 열어 아메노우즈메에게 물었습니다. "내가 여기에 버티고 있어 세계는 깜깜할 텐데 어떻게 그대의 춤에 800만의 신들이 웃고 있는가?"

그러자 아메노우즈메가 "당신보다도 고귀한 신이 계시니 다같이 즐기고 웃으며 춤추는 것입니다." 하고 대답했습니다. 더욱 이상하게 여긴 아마테라스가 석실문에서 나와 무엇이 있나 하고 두리번거리려는 찰나 숨어 있던 힘센 신인 다지카라오가 아마테라스의 손을 붙잡아 밖으로 끌어냈습니다. 그래서 세상은 다시 밝아졌다는 것입니다.

웃음의 원형이 바로 여기에 있는 것이 아니겠습니까.

웃음의 메커니즘

웃음이란 도대체 무엇인가 | 도대체, 웃음이란 무엇인가요? 여기서는 일본웃음학회의 학회지 「웃음의 연구」 등을 참고해서 웃음의 본질에 대해서 제 나름대로 정리해보려 합니다. 우선, 웃음이

라는 것의 겉모습부터 생각해봅시다.

웃음이 무엇이냐는 질문을 받았을 때 잘 나오는 단어가 '긴장과 완화'입니다. 갑자기 긴장이 풀리고 편안해질 때 일어나는 것이 웃음이라는 것입니다. 이것은 여러분도 경험했을 것입니다. 긴장을 풀고 안심할 때 사람은 웃습니다. 물론 우월감에서 나오는 웃음도 있고 간질여 웃는 즉흥적인 웃음도 있습니다. 웃음의 형태는 여러 가지입니다만, 웃음 그 자체는 숨을 내쉬는 것입니다. 에너지를 외부로 방출하는 것입니다. 숨을 안으로 쉬면서 웃는 사람은 없습니다. 긴장과 완화의 측면에서 말하면 웃으면서 숨을 내쉬어 몸의 긴장이 풀리는 것입니다. 그러므로 웃는 한 싸움이 안 되는 것입니다. 싸움은 숨을 들이마시고 꽉 다물어야 되는 것이니까요. 그래서 싸우지 않고 사이좋게 지내려면 웃음을 잘 활용해야 합니다. 다만 그 웃음에 '공격성'이 있어서는 안 되겠지요.

웃음은 크게 세 종류입니다. 마음속으로 크게 웃는 것, 인사 대신에 '사이좋게 지냅시다'라는 뜻으로 보내는 미소, 그리고 상대가 실패했거나 상대 결점을 찾아내어 우월감에 젖어 웃는 웃음입니다. 이것을 '가로의 웃음'과 '세로의 웃음'이라고 할 수도 있습니다. 마음속에서 우러나오는 좋은 웃음은 자기 마음을 열어젖혀 외부로 에너지를 발산합니다. 그 웃음은 서로의 긴장 관계를 풀어주니 가로의 웃음입니다. 미소도 마찬가지고요. 반면 상대방을 굴복시키기 위해 업신여기고 우월감에 사로잡혀 웃는 웃음은 세로의 웃음입니다. 세로의 사회에서는 누군가가 자신을 보면서 웃으면 '자기의 지위나 권위가 웃음거리가 되고 있지는 않은가?' 하는 피해망상에 빠집니다. 그런 사회의 웃음은 나쁜 웃음입니다. 긴장을 풀어주기는커녕 웃음소리를 듣는 순간 되레 긴장시킵니다.

웃음은 부작용이 없는 약 | 웃음 연구에도 역사가 있는데, 웃음이 과학적으로도 '건강에 좋다'고 실증된 것은 최근입니다. 최근 10년간 세계 연구에 따르면 의학적으로도 웃음이 몸에 좋다는 사실이 밝혀졌습니다. 야에는 부직용이 있는데 웃음에는 부작용이 없습니다. 웃으면 뇌 속에서 마약 비슷한 성분이 분출되어 말초혈관이 확장되므로 혈액순환이 잘 됩니다. 말초혈관까지 산소와 영양분이 충분히 흘러들어가니 뇌 활동이 활발해집니다. 신진대사가 활발해져 노화와 병이 예방되고 몸의 나쁜 곳을 치유하는 면역세포도 증가합니다.

웃음은 뇌와 관계있다 | 우리 뇌는 눈, 귀를 비롯해 몸 전체로 언제나 자극을 받습니다. 이 자극은 모두 뇌로 집중되므로 뇌의 기능과 웃음은 관계가 깊습니다. 그래서 뇌와 웃음의 관계를 조사해보기로 했습니다.

뇌의 중추에서 웃음과 관계있다고 여겨지는 곳은 세 군데입니다. '대뇌변록계'는 즐거움이나 슬픔, 노여움 등의 감정과 관계있습니다. 당연히 웃음도 이 부위와 관련돼 있겠지요. 식욕이나 성욕 등의 쾌감부터 호흡, 혈관 수축, 눈물 분비까지 크게 웃을 때 일어나는 신체 변화를 일으키는 곳은 '시상하부'입니다. 본능적인 유쾌한 웃음은 이 두 곳이 크게 관여합니다.

웃음과 유전자 실험에서는 환자들이 배꼽을 쥐며 크게 웃었습니다. 마음에서 우러난 진정한 웃음은 얼굴과 배 근육이 아플 정도로 당기게 하고 눈도 빛나며 눈물까지 나오게 합니다.

인간적인 의지나 이성을 취급하는 '대뇌신피질'도 웃음과 관계 있습니다. 처음 만나는 사람에게 보이는 '사교상의 웃음'은 대뇌신 피질의 작용입니다. 이렇게 웃음이 뇌와 관계있는 이상 뇌의 연구가 진행되면 더욱더 흥미로운 사실이 나오리라 기대됩니다. 21세기는 유전자 시대이면서 뇌의 시대입니다.

웃을 때 뇌의 변화는 어느 부분이 뜨거워졌는지 조사하면 확인됩니다. 뇌가 웃음에 관여한다면 뇌에서 웃으라는 지령이 내려져 특정한 유전자 스위치가 온으로 켜진 것입니다.

웃음종합상사 '요시모토흥업'

웃음 하면 요시모토흥업 | 저희들은 요시모토흥업과 제휴하여

웃음과 유전자의 관계를 연구하고 있습니다. 좋은 유전자가 온으로 되고, 나쁜 유전자가 오프로 되는 것을 '유전자 발상'이라 부릅니다. 요시모토흥업은 바로 그것을 실천하는 회사입니다.

　요시모토흥업에 소속된 연예인 중 갑자기 달라진 경우도 많습니다. 요코자와 씨에게서 들었습니다만, 서른 살 때 화가로 변신해서 뉴욕에서 개인전을 연 탤런트도 있답니다. 그림의 재능 유전자가 온으로 켜진 것이지요.

　현재 요시모토흥업에서는 정말로 다채로운 사업을 벌이고 있습니다. 교육 사업에도 진출하고 있는데 재능 있는 신인 탤런트를 발굴, 육성하기 위해 요시모토종합예능학원도 운영하고 있습니다. 저희의 연구 성과도 곧 이 학원에서 강의할 날이 오겠지요. 쓰쿠바대학에서도 강의할 날을 고대하고요.

　요시모토흥업은 지역 발전에도 적극적으로 협력하고 있습니다. 그것은 주민들을 참여시키는 공연을 여는 것에서도 알 수 있습니다. 즉 이 공연은 지역 주민과 일체가 되어 만들어내는 것이 특징입니다. 그외에도 요시모토흥업에 소속된 탤런트들과 주민 간의 스포츠 대항전도 벌이는 등 각종 공연과 축제를 엽니다.

　그중 특히, 제가 기대하는 것은 고령화 사회를 대비한 사회 복지에 관한 이벤트, 강연회 등 고연령층에게 생생한 웃음을 제공하는 행사입니다. 저희들의 연구로 웃음과 유전자의 관계가 명확해지면 의료계도 움직일 것입니다.

웃음의 본고장인 오사카는 감성의 세계 | 요시모토흥업은 웃음의 본고장 오사카에서 탄생했습니다. 예부터 오사카는 상인의 도시입니다. "무사는 3년 동안 한쪽 뺨밖에는 안 웃는다"는 에도 시대 무사 사회에서도 오사카인들은 웃음으로 권력에 저항했습니다. 사농공상 계급사회에서 맨 밑에 있으면서도 그런 처지를 웃어넘겼던 오사카 상인의 기질은 지금도 남아 있는 것 같습니다. 오사카 사람들은 처음 보는 사람에게도 어떻게 웃길까를 고민합니다. 물론 모든 오사카 사람이 그렇다고 할 수 없지만, 오사카 사람이 웃음의 중요성, 웃음의 효과를 잘 알고 있다고 얘기할 수는 있겠지요.

웃음은 말할 것도 없이 서로의 긴장을 풀어주고 마음을 터놓게 해 의사소통을 원활하게 합니다. '협조의 웃음'이라 해야 될 것 같습니다. 도쿄에서는 정가판매가 당연한데 오사카 상인은 물건 값을 흥정합니다. 그때 진지하게 "이 물건은 판단하건대 좀 비싼 것 같다. 왜냐하면 재료가…." 등으로 흥정하면 싸움으로 번질 것입니다. 파는 측과 사는 측은 각각 입장이 다르므로 서로 적정한 선에서 값이 정해졌더라도 둘 다 틀림없이 '이 얼마나 인색하고 깍쟁이인가?'라고 생각할 것입니다. 그런데 이럴 때 오사카 상인은 익살과 농담을 잊지 않습니다. 이론이 아닌 감성의 세계로 들어가서 자기가 알고 있는 대화술로 상대방을 웃기고 긴장을 풀어줘 '더는 어쩔 수 없이 타협하게!' 합니다. 어찌 보면 그것이 수완입니다. '이렇게 웃겨주고 즐겁게 해주었으니 조금 비싸게 사드리자'고 손님들이 기분 좋아서 사게 하는 것입니다.

농담할 수 있어야 성숙한 사람

대학 강의에도 농담은 필수 | 저는 미국에서 오래 연구 생활을 했는데 그곳에서 느낀 점이 많습니다. 미국에서는 농담으로 얘기해야 할 때가 많다는 것입니다. 유럽에서도 파티장에서 말을 해야할 경우가 많습니다. 그럴 때 센스 있는 농담을 해야 분위기를 부드럽게 할 수 있고 좋은 대인 관계도 형성됩니다. 그 장소에 맞는 농담을 얼마나 많이 알고 있느냐에 따라 인기 여부가 결정되지요. 그래서 서양에서는 '농담책', '농담의 연구'와 같은 책이 많이 출간됩니다. 그런 책을 읽고 모두 필사적으로 공부하는 것입니다.

대학 강의에도 농담이 들어 있습니다. 미국 교수들은 농담으로 학생들을 웃기면서 강의하는데 참 잘합니다. 어느 의과대학교수가 당뇨병이 왜 생기는지 대해서 강의를 시작했습니다. 그는 비커를 가져와서 "여러분 이 액체가 무엇인지 알고 있습니까?" 학생들에게 물었습니다. 물론 누구도 대답하지 못했습니다. 그러자 교수는 "당뇨병 환자의 오줌입니다. 당뇨병이란 오줌에 당이 있다는 거니까 이 오줌은 달콤할 겁니다. 그런지 안 그런지 한번 확인해 볼까요?" 하면서 오줌을 손가락으로 찍어 맛보았습니다. 학생들이 모두 당황해하자 교수는 천천히 말했습니다.

"여러분은 의사가 되려고 공부하고 있습니다. 의사의 일에는 용기가 필요합니다. 사람 배를 가르는 일도 하는 의사가 환자 오줌을 핥는 것이 무엇이 어렵습니까? 금방 받은 오줌은 깨끗합니다. 그러니 여러분, 이 오줌을 맛보고 달콤한지 안 그런지 확인해 보세요."

교수 말대로 학생들은 모두 그 액체를 맛보았습니다. 이것을 보고 있던 교수는 만족해하면서 다음과 같이 말했습니다.

"잘했습니다. 의사에게는 용기가 필요합니다. 그러나 또 하나 매우 중요한 것이 있지요. 그것은 냉철하게 관찰하는 눈, 여러분은 내 손가락의 움직임을 잘 보고 있었습니까? 내가 아까 비커에 넣은 건 새끼손가락이었지만 핥은 것은 가운뎃손가락이었습니다."

미국 학생들은 이런 농담을 들으며 강의를 즐길 수가 있습니다.

에사키 총장의 축사 | 노벨물리학상 수상자인 에사키 레오나는 미국 대학에서 30년간 머물러서 매우 유머러스합니다. 쓰쿠바대학 총장에 취임한 뒤 첫 입학식에서도 농담으로 축사를 시작했습니다.

"어느 대학에서 노벨상 수상자가 나왔습니다. 총장은 축하의 뜻으로 그 교수에게 운전기사가 딸린 자동차를 주었습니다. 교수는 그 차로 매일같이 여기저기 강연을 하며 돌아다녔지요. 그러나 매번 강의가 같아서 스스로도 그것이 아주 지겨웠습니다. 그래서 운전기사에게 말했습니다. '자네는 언제나 내 얘기를 듣고 있으니 강의 내용을 잘 알고 있겠지? 다음부터는 나 대신 강의해주게.' 그런데 운전기사 강의가 그 교수보다 더 능란해서 어디에 가도 가짜라고 의심받지 않았습니다. 그런데 어느 강연장에서 어려운 질문이 나왔습니다. 단상의 운전기사는 한순간 머뭇거리다 '아주 좋은 질문인데요, 그 정도의 질문은 뒤에서 자고 있는 운전기사에게 물어보세요.' 하더랍니다."

잠시 후 에사키 총장은 말을 계속 이었습니다. "나는 운전기사가 아니라 진짜 총장인 에사키입니다." 그제서야 학생들은 와— 하고 폭소를 터뜨렸습니다.

웃음은 긴장을 풀어주는 효과가 있습니다. 저도 학생들이 편안히 들어줬으면 해서 농담도 하고 여러모로 신경 쓰면서 강의합니다. 고등학생들에게 유전자의 온·오프에 관해 강연할 때가 있는데, 이때는 특히 웃음이 필요합니다. 대학교수 강연이니 어려우리라 짐작해서 긴장하는 학생들이 많기 때문입니다. 그런 상태에서는 아무리 재미있는 얘기도 머릿속에 들어오지 않습니다. 그러나 한번 웃음이 터지면 긴장이 확 풀려 얘기를 잘 듣게 됩니다. 재미있는 강연의 비법은 바로 이런 '의외성'에 있습니다.

3

웃으면 온이 되는 유전자 메커니즘

좋아하는 것이 유전자를 온으로 켠다

사회 : 이 장에서는 유전자의 메커니즘에 대해서 좀 자세히 가르쳐 주셨으면 합니다.

요코자와 : 지금까지 유전자라 하면 부모의 유전자가 자식들에게 전해지는 것으로 알려져왔습니다만….

무라카미 : 실은 유전자에는 두 개의 기능이 있습니다. 하나는 유전정보를 전달하는 것이고, 또 하나는 단백질을 만드는 것입니다. 저희들은 후자의 기능에 주목합니다. 유전자는 자기 안에서 계속 활동하며 단백질을 만들어내는 것입니다. 그런데 전등 스위치가 온이나 오프가 되는 것처럼 유전자도 활동을 했다가 안 했다가 합

니다. 스위치가 온이 되면 활동하고 오프면 활동하지 않습니다. 그렇다면 좋은 유전자 스위치는 온으로 활동하게 하고, 나쁜 유전자 스위치는 오프로 꺼두면 어떨까요?

요코자와 : 대변화가 일어날지 모르겠는데요?

무라카미 : 바로 그것입니다! 그리고 본래 있던 유전자 스위치가 온으로 되는 것이니 나이와 무관하고요. 우리 고령자들에게도 기회가 있습니다.

요코자와 : 그것입니다, 그것! 그것이 정말이면 일반인들에게는 큰 축복이지요. 그리고 보니, 요시모토흥업에서도 지금까지 두드러지지 않던 사람이 갑자기 뛰어난 예술가가 되는 경우가 있었습니다.

무라카미 : 아, 그런 일이 있었습니까?

요코자와 : 예. 요시모토흥업에 소속된 어떤 탤런트가 어느 날 돌연히 그림을 그리기 시작했는데 서른 살 즈음에 탤런트를 그만두고 진짜 화가가 되었어요. 지금은 뉴욕에서 개인전을 열 정도로 활약하고 있습니다.

무라카미 : 훌륭하군요.

요코자와 : 그 탤런트가 디자인한 페라가모 신발은 그 회사 박물관 특별실에 두 차례 전시되기도 했습니다. 그이는 평범하지 않아 왕따당한 적도 있었지만 그래서 창조적이었던 것입니다. 그이가 가지고 있는 독특한 감성, 개성이 세계를 무대로 활약하는 원동력이 됐습니다.

무라카미 : 요코자와 선생님도 동경대학교에서 후지텔레비전으로 옮긴 뒤 히트 프로그램 제작자가 되었고, 그 영향으로 요시모토흥업으로 전직하셨지요. 이처럼 여러 가지 숨겨진 재능을 발휘한 것입니다.

요코자와 : 재능이라기보다는 그냥 제 마음대로 한 것입니다. 샐러리맨에는 관심 없는 저는, 제가 좋아하는 것 이외에는 하지 않겠다고 마음먹었습니다. 그래서 주위에서 왕따시켜도 약해지지 않았지요.

무라카미 : 요코자와 선생님은 후지텔레비전에 계실 때는 프로듀서로 맹활약하셨습니다. 어느 분에게 들었는데 어떤 프로그램은 프로그램사에 혁명을 일으켰다고요?

요코자와 : 당시에는 그런 류의 프로그램이 거의 없어서 마음껏 일할 수가 있었습니다. 제가 좋아하는 대로 움직인 것이 바로 혁명이 된 것입니다.

무라카미 : 요코자와 선생님은 용감한 사람이어서 언제나 사람들을 놀라게 합니다.

요코자와 : 그때 유전자 스위치가 온으로 되어 있었던 것일까요?

무라카미 : 그것은 언제쯤 일이죠?

요코자와 : 벌써 20년 전 일입니다. 시대가 급변하는 시점이기도 했지요. 텔레비전이라는 미디어가 막 뜨던 때인데, 그 덕에 그때까지 은막의 스타로 머물던 배우들이 텔레비전에서 친근한 아이돌 스타가 되었지요.

무라카미 : 자신이 좋아하는 일을 하니까 유전자 스위치가 온으로 켜졌을 겁니다. 그런 때는 세상의 체면 따위는 별로 신경 쓰이지 않지요.

요코자와 : 확실히 주위 시선은 전혀 생각하지 않았습니다.

무라카미 : 요코자와 선생님은 대학교수로 계신데요, 수업은 어떤 방식으로 진행하나요?

요코자와 : 모두 빙 둘러앉아서 얘기하는 식으로 합니다. 최근에 정년퇴임한 사람들이, 회사에서 놓여난 것은 좋지만 체면 때문에 아무것도 못한다는 얘기를 들었습니다. 저는 지금부터 하고 싶은 것은 무엇이든지 마음대로 해볼 생각입니다. 대학에서 강의하면서 무라카미 선생님처럼 일본의 원기를 회복시키는 일도 하고 싶고요.

무라카미 : 그 생각에 대찬성합니다. 세상 체면은 신경 쓰지 않아도 될 만큼 우리 두 사람은 아직 젊으니까요.(웃음)

유전자 온의 메커니즘

물리적 요인으로 유전자가 온으로 된다 | 잠자고 있는 좋은 유전자를 온으로 하고, 깨어 있는 나쁜 유전자를 오프로 한다면 우리는 새로운 많은 가능성을 얻는 것입니다. 이 유전자 스위치는 외부 자극이나 환경 변화로 바꿀 수 있습니다.

이 중 환경 변화에 대해 알아봅시다. 환경 변화에는 우선 '물리적 원인'이 있습니다. 열, 압력, 긴장 변화, 훈련이나 운동 등이 여기에 해당됩니다. 복제양으로 유명한 돌리가 이 예입니다. 돌리는 젖세포에서 태어났습니다. 즉 유전자 스위치 상태를 바꿈으로써 '젖을 만드는 세포'에서 개체를 형성하는 능력이 깨어난 것입니다. 돌리를 낳은 젖세포는 세포 내 유전자 명령에 따라 '젖을 만드는 세포'가 되는 기능 이외의 활동은 전부 오프로 되어 있었다고 보입니다. 즉 자고 있었던 것입니다.

무엇이 그 자고 있던 기능을 깨웠을까요? 이 기능을 깨우려고 연구자들은 여러 방법을 시도했습니다. 그러나 아무 일도 일어나지 않아 결국 손을 놓고 있었습니다. 먹을 것이 차단된 젖세포는 굶주림 때문에 강렬한 스트레스를 받았습니다. 그것이 그때까지 잠자고 있던 유전자 스위치를 온으로 켠 것입니다. 그 결과 유전자가 생식세포처럼 분열하는 기능을 발휘해서 돌리라는 생명체가 탄생한 것입니다.

화학적 요인으로도 유전자가 온으로 된다 | 물리적 원인 외에 '화학적 원인'도 있습니다. 화학적 원인에는 음식물이나 담배, 환경호르몬 등이 속하는데 이것들도 스위치의 온·오프에 영향을 끼칩니다. 기형 물고기가 잡히고, 수컷이 암컷으로 변하는 생물들이 발견되는 것은 환경호르몬이라는 화학물질의 영향이라 생각됨

니다. 다이옥신 등의 화학물질이 반응하려면 이 물질들을 받아들이는 수용체가 필요합니다. 이 수용체가 특정한 화학물질과 결합하면서 유전자 스위치가 온으로 켜져 새로운 단백질이 합성됩니다. 이런 단백질이 몸 안에서 나쁜 작용을 일으키는 것입니다. 다이옥신 등의 위험한 환경호르몬들이 몸 안에서 어떻게 작용해서 어느 유전자를 온으로 하는지 직접적인 인과관계가 조금씩 밝혀지고 있습니다.

정신적 요인으로도 유전자가 온으로 된다 | 그런데 인간의 경우에는 물리적, 화학적 원인과 함께 쇼크, 흥분이나 감동, 애정이나 미움, 즐거움이나 슬픔, 웃음이나 질투, 신조, 신앙 등의 '정신적 요인'이 추가됩니다.

좋아하는 사람 앞에서 심장이 두근거리는 등 연애 감정이 유전자 스위치를 온으로 켜는 환경 변화에 해당되는 것은 여러분도 체험으로 알고 있을 것입니다. 이탈리아 정신의학연구소에서 현재 연애 중인 피자대학 학생 20명을 뽑아 '세로토닌'이라는 신경물질의 효과를 조사했습니다. 즉 세로토닌이 부족하면 우리 몸은 흥분 상태가 됩니다. 세로토닌은 흥분을 억제합니다. 그런데 이 호르몬은 물에 녹지 않아 혈액 속으로 흘러들어갈 수 없습니다. 그래서 몸 안에서 '운반자' 역할을 하는 단백질과 결합해서 활동합니다.

실험에 참가한 학생 20명에게 하루에 적어도 네 시간 동안 연인을 생각하도록 했습니다. 아무리 연애 중이라도 매우 어려웠을 것입니다. 굉장한 실험이지요. 실험 결과는 어땠을까요? 학생들의 단백질이 40퍼센트까지 감소했습니다. 그 결과 세로토닌도 감소해 흥분을 억제하는 효과가 둔해졌지요. 그러니까 연애하는 사람들은 대부분 강한 흥분 상태에 있었다는 것입니다.

이 실험에서 우리는 연애를 하면 세로토닌과 결합하는 단백질 양이 감소해 흥분하게 된다는 사실을 알았습니다. 예술가들이 언제나 연애를 해서 작품을 만들어내는 것도 그만한 이유가 있는 것입니다. 그러나 이 실험만으로는 과학적인 실증에 이르지 못합니다. 연애 감정 때문에 세로토닌이 감소하는 것인지, 세로토닌이 감소해서 흥분 상태가 되어 연애 감정이 생기는 것인지 인과관계는 아직 수수께끼입니다. 그러나 마음과 유전자가 연결되어 있는 예증이라는 점은 틀림없습니다.

긍정적 사고가 좋은 유전자를 온으로 켠다 | '긍정적인 사고'도 유전자 스위치 온과 오프에 커다란 영향을 끼친다고 생각합니다. 만일 무슨 일이든지 낙관적으로 생각해 자고 있던 좋은 유전자가 깨어나 새로운 재능이 발휘된다면 어떨까요. 분명 인간은 긍정적인 사고로 외부 환경을 바꾸거나 자신의 가능성을 크게 발휘할 수 있다고 생각합니다. 이처럼 정신 작용으로 유전자 스위치가 온이나 오프가 된다면 매우 흥미로울 것입니다. 직접적인 증거는 아직

없지만 상황 증거로는 앞에서 얘기한 연애의 예뿐만 아니라 스트레스가 병의 원인이거나 웃음이 건강의 근본이 된다는 등 여러 가지가 알려져 있습니다. 저희들은 이런 것을 과학의 언어로 확실하게 증명하려고 '마음과 유전자 연구회'를 끌어가고 있습니다.

유전자 DNA의 메커니즘

동물도 식물도 DNA의 기본 메커니즘은 같다 | 여기서는 우리의 특징을 결정하고 있는 유전자 그 자체에 대해서 정리해두겠습니다. 다소 어려운 점도 있을 것입니다만, 그림들을 참고해서 읽어주십시오.

자기 생명이 존재하는 이유에 대해서 지금까지 별로 생각하지 않았던 사람도 자신이 태어난 이유, 살아 있는 의미에 관해서 좀 생각해봐 주세요. 유전자에 대해서 알면 알수록 자신의 생명이 기적 같은 과정을 거쳐 탄생했다는 사실을 알 수 있을 것입니다.

그런데 유전자의 실체를 알려면 우선 우리 신체를 만들고 있는 '세포'에 관해서 알아야 합니다. 우리 신체는 작은 세포의 모임입니다. 인간뿐만 아니라 단세포 세균류부터 식물, 동물까지 전 생물이 모두 세포로 이루어져 있습니다. 그 세포들은 근본적으로 아버지와 어머니에게서 물려받은 단 하나의 수정란 세포가 계속 분열하면서 만들어진 것입니다.

인간의 세포를 들여다봅시다. 우리 몸 1킬로그램 안에 세포 1조 개가 존재합니다. 체중이 64킬로그램이면 약 64조 개나 됩니다.

이 세포 한 개 한 개에 핵이 들어 있습니다. 동식물 세포의 기본 구조는 똑같습니다. 여기저기로 움직이는 동물과 땅에 뿌리를 박고 이동도 않는 식물 세포 구조가 같다는 것은 좀 이상합니다. 혹시 동물과 식물은 동료가 아니었을까요?

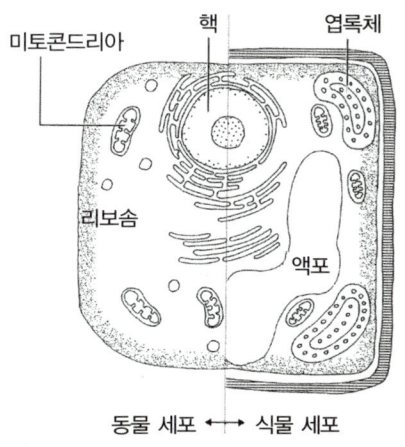

세포의 핵에 있는 염색체, 염색체에 있는 DNA ｜ 세포핵에는 염색체가 들어 있습니다. 인간의 염색체에는 남녀 공통으로 있는 상

염색체 22종류와 남녀의 성을 결정하는 성염색체 1종류가 있습니다. 23종류가 1세트로 되어 있는데 이것을 '1게놈'이라고 합니다. 인간의 경우는 이 게놈을 '인간게놈'이라 부릅니다. 이 인간게놈은 태어날 때 아버지, 어머니에게서 1세트씩 물려받은 것입니다.

염색체 46개에는 DNA(디옥시리보핵산)라는 물질이 꼬인 상태로 들어 있습니다. DNA라면 무엇인가 어렵게 들립니다만, 특별한 물질로 되어 있는 것은 아닙니다. H(수소), C(탄소), N(질소)로 되어 있는 당과 인산, 염기라는 화학물질이 모여서 된 실 모양의 단백질 분자입니다. DNA는 이중나선형으로 되어 있는데 이 DNA가 유전자의 정체입니다. 우리가 양친에게서 얼굴이며 모습을 물려받은 것도, 생명을 유지할 수 있는 것도 DNA라는 물질에 열쇠가 있습니다.

유전자는 단백질의 설계도 │ DNA 어느 특정한 부분에 '단백질을 합성하는 방법'이 쓰여 있습니다. 유전자란 이 '암호'를 말합니다. 이것이 다음 세대로 전해지는 것입니다.

우리는 이 유전자의 암호에 따라서 단백질을 합성하여 일상생활을 영위하고 있습니다. 심장이 쉬지 않고 움직이는 것이나 병에 걸리면 면역 기능이 활발해져 체력이 회복되는 것도, 돼지고기가 우리를 돼지로 만들지 않고 영양분이 되는 것도 전부 유전자 덕택입니다. 유전자는 말하자면 단백질의 설계도인 것입니다. 이렇게 유

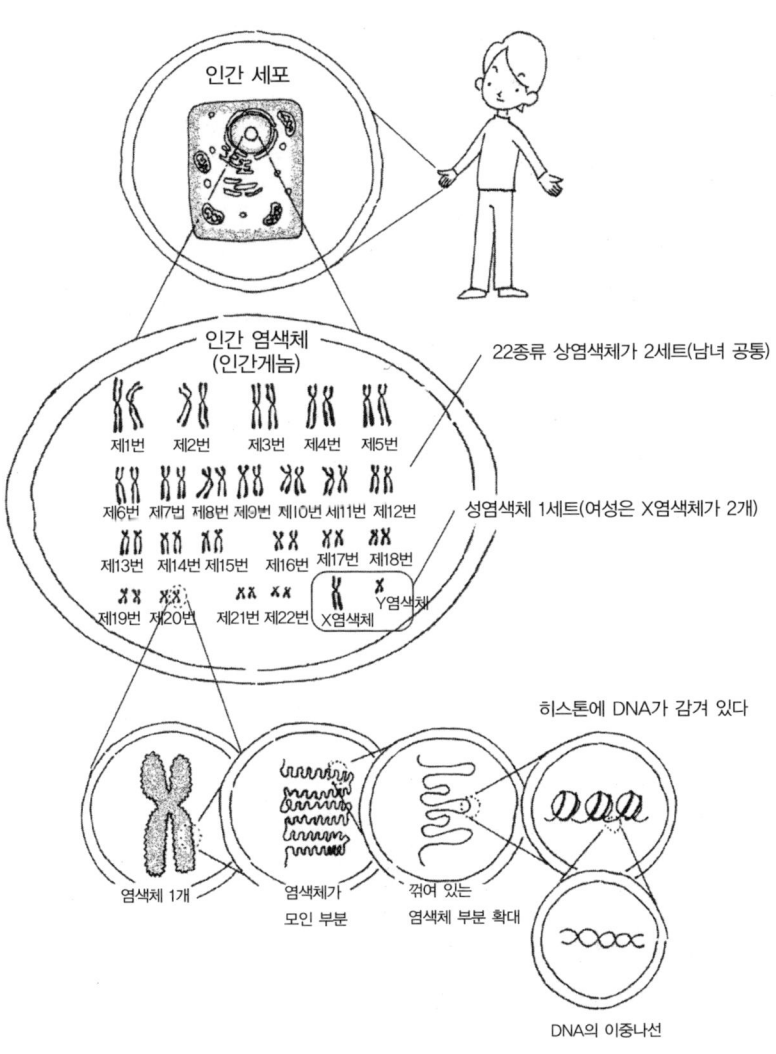

인간 세포

인간 염색체
(인간게놈)

제1번　제2번　제3번　제4번　제5번

제6번　제7번 제8번 제9번 제10번 세11번 제12번

제13번 제14번 제15번 제16번 제17번 제18번

제19번 제20번　제21번 제22번　X염색체　Y염색체

22종류 상염색체가 2세트(남녀 공통)

성염색체 1세트(여성은 X염색체가 2개)

X　Y

히스톤에 DNA가 감겨 있다

염색체 1개

염색체가
모인 부분

꺾여 있는
염색체 부분 확대

DNA의 이중나선

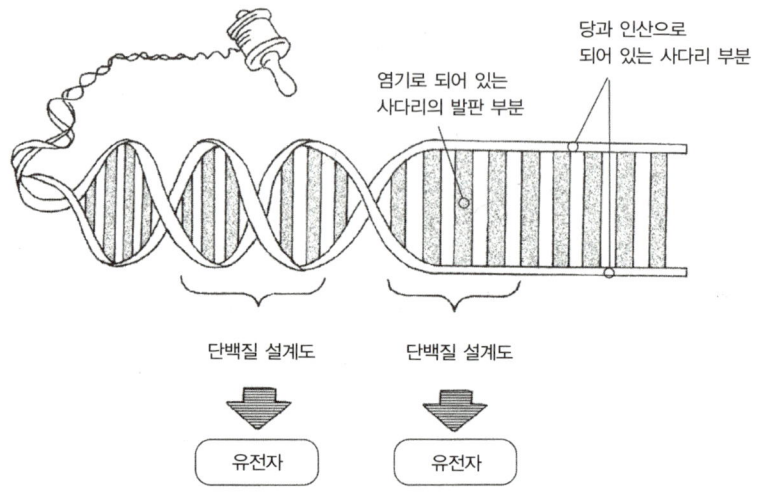

세포 1개에 들어 있는 DNA는 연결하면 약 1.8미터

당과 인산으로
되어 있는 사다리 부분

염기로 되어 있는
사다리의 발판 부분

단백질 설계도   단백질 설계도

유전자   유전자

전자는 생명에게 아주 중요한 것이지만 구조상으로 보면 당과 인산 그리고 염기라는 어디에나 존재하는 물질로 되어 있습니다.

유전자 크기는 얼마나? | 그런데 DNA 크기를 어느 정도라 생각합니까? 46개(23종류)의 염색체에 들어 있는 DNA를 전부 연결시키면 약 1.8미터나 됩니다. 세포 1개에 2미터 가까운 DNA가 접혀 들어 있는 것입니다.

2미터로 한번 계산해봅시다. 세포 60조 개의 DNA를 전부 연결시키면 약 120조 미터, 1200억 킬로미터나 됩니다. 지구 적도 주위 길이가 약 4만 킬로미터인데 그것의 300만 배가 한 사람의 것

입니다. 그 무게도 놀랍습니다. 세포 1개에 들어 있는 DNA 무게
는 2천억 분의 1그램. 전 인류의 게놈을 다 모아도 쌀 한 톨의 무
게보다 적습니다. 우리의 생명에 관한 전 정보가 이 초미세 세계
에 들어 있는 것입니다.

DNA에 씌어진 암호

단지 4문자의 편성으로 유전정보가 씌어 있다 | 극히 좁은 공간
에 방대한 정보가 들어 있는 DNA에 관해서 생각해봅시다. 새로
태어난 수정란의 핵에 들어 있는 유일무이한 DNA는 세포분열과
동시에 잇따라 복제됩니다. 세포 50조 개를 가진 사람이면 DNA
가 50조 번 복제될 가능성이 있는 겁니다.

　DNA 구조는 긴 줄이 오른쪽으로 감긴 이중나선형입니다. 이 긴
줄을 더 확대해보면 재미있는 것이 발견됩니다. 당과 인산으로 되
어 있는 이 줄은 '비틀어진 사다리' 모양인데, 사다리 발판은 유전
정보를 전하는 염기라는 물질로 꽉 차 있습니다. 염기는 A(아데
닌), T(티민), C(시토신), G(구아닌) 단 4종류로 되어 있는데 이 염
기들이 조를 이루어 단백질을 설계하는 것입니다.

　이 염기들은 매우 간단한 화합물입니다. 이것을 닮은 화합물은

자연계에도 많아 화학적으로도 합성할 수 있습니다. 이렇게 일반적인 화학물 네 종류로 우리 몸의 설계도, 즉 유전정보가 씌어 있다는 것은 놀랄 일입니다. 이제부터는 이 염기 물질들이 단백질을 어떻게 설계하는지 설명하겠습니다.

DNA는 자신을 복제한다 | DNA는 단지 물질에 불과하지만 마치 의지를 가진 것처럼 자기를 복제합니다. 그 메커니즘을 살펴봅시다. 비틀어진 사다리처럼 생긴 사다리를 '정확하게 반'으로 떼어 놓아 봅시다. 그러면 마치 닫힌 지퍼가 열리는 것 같습니다.

그러면 한쪽 사다리에 네 종류의 염기가 쫙 일렬로 배열되어 있습니다. 이 염기들은 각각 결합하는 상대가 결정되어 있습니다.

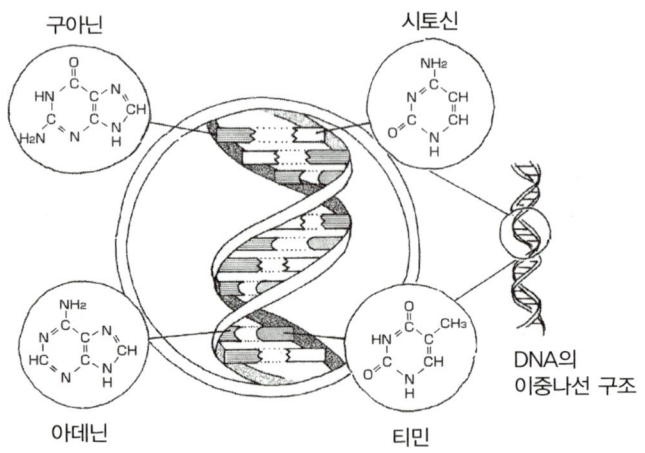

염기는 몸을 구성하는 H(수소), O(산소), C(탄소), N(질소)
이렇게 4개의 기본 원자로 되어 있다

A(아데닌)은 T(티민)과 C(시토신)은 G(구아닌)과만 결합합니다.

먼저 긴 사다리의 근본이 되는 DNA 부품을 준비합니다. 이 DNA 부품(뉴클레오시드라고 부름)은 '정확히 반으로 나뉘어 있는 사다리 반쪽에서 짝을 찾아 결합하게 됩니다. 그러면 현재 DNA와 완전히 같은 DNA가 1개 복제되는 것입니다. 반으로 떨어진 다른 쪽 사다리에서도 같은 요령으로 DNA 부품이 결합돼 또 다른 1개가 복제됩니다. 그 결과 '비틀어진 사다리'가 새로 2개 만들어집니다. 이 2개에는 처음의 DNA가 반반씩 들어 있습니다.

DNA의 문자 배열을 해독한 후 | 인간게놈에 관해서는 2003년 4월에 '해독완료선언'이 있었다. 그러나 이것은 생명의 암호로 쓰

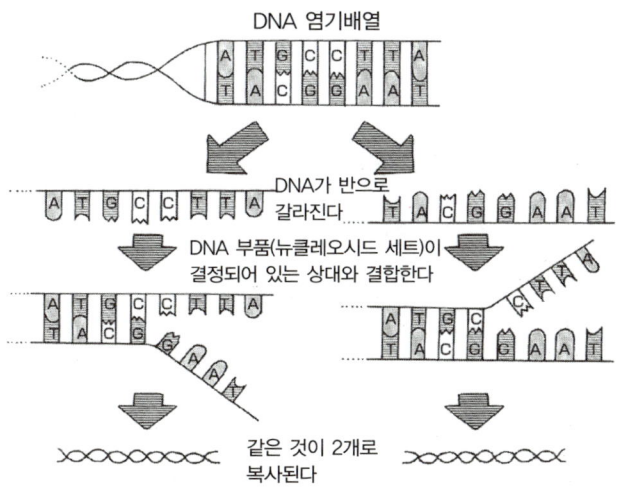

여 있는 문자의 배열법(염기 배열)을 해독했다는 것뿐이며 암호가 가지고 있는 의미를 전부 이해했다는 뜻은 아닙니다.

쓰여 있는 암호의 의미, 즉 유전자 활동에 관해서는 지금부터 본격적인 수수께끼 풀이가 시작되려는 단계입니다. DNA에 쓰여 있는 30억 개에 이르는 문자열 중 단백질을 만들게 명령하는 부분만을 가리켜 유전자라 부릅니다. 그리고 그외 잘 모르는 문자열은 '정크(junk, 쓰레기)'라 합니다. 그러나 저는 이 부분에 더욱더 주의를 기울여야 한다고 생각합니다.

우리 유전자는 전체적으로 보면 쉬지 않고 활동하고 있으나 그 전부가 언제나 자기 능력을 다 발휘하는 것은 아닙니다. 실제로 활동하고 있는 유전자, 즉 스위치를 온으로 켜서 단백질을 만들게 명령하는 유전자는 아마도 전체 DNA의 3퍼센트 정도일 것입니다. 그외는 활동하지 않는, 스위치가 오프로 되어 있는 DNA입니다.

그래서 인간에게는 대단한 가능성이 있다고 봅니다. 지금까지 자고 있던 유전자가 어떤 계기로 부스스 일어난다면 지금까지 할 수 없었던 굉장한 것들을 하게 될테니까요.

사령탑 역할을 완수하는 유전자

단백질은 아미노산으로 되어 있다 | 우리 몸을 이루는 뼈, 이빨, 눈, 혈액, 근육 등의 가장 중요한 성분은 단백질입니다. 소, 돼지, 새, 물고기도 모두 제각각의 단백질로 되어 있습니다. 인간은 단백질이라는 영양소를 얻기 위해 소고기나 닭고기를 먹습니다. 그런데 소고기를 먹어도 소처럼 되지 않고, 닭을 먹어도 닭처럼 날개가 생기지는 않습니다.

단백질은 탄수화물이나 지방같이 생명을 지탱하는 중요한 요소인데, 종류는 수천 수만에 이릅니다. 뼈나 이빨도 단백질이고 눈, 코, 피부, 혈액, 근육, 내장도 모두 단백질인데 각각 성질이 크게 다릅니다. 이렇게 종류가 많지만 그 단백질들은 예외 없이 20종류의 '아미노산'으로만 구성돼 있습니다. 예를 들어 튀긴 닭고기를 먹으면 닭의 단백질이 소화기관에서 아미노산으로 분해됩니다. 인간이 몸 안에서 합성하는 아미노산은 11종류에 불과하고, 나머지 9종류는 식사 등으로 몸 밖에서 섭취해야 합니다. 이 아미노산을 필수아미노산이라 하는데 이 아미노산은 혈액 등으로 각 세포에 공급되어 단백질 원료가 됩니다. 유전자에는 이들 아미노산을 사용하여 어떤 단백질을 얼마나 만들지를 비롯해 단백질 만드는 방법도 기록돼 있습니다. 따라서 단백질은 아미노산 20종류가 서로서로 연결된 고분자입니다. 가장 작은 단백질도 아미노산 100개가 연결되어 있습니다. 20종류의 아미노산 중에서 100개가 연결되는 가짓수만도 수없이 많습니다. 이렇게 지독히 복잡한 작업을 우리 유전자는 한 치의 오차도 없이 지시하고 있습니다.

1. 글리신(Gly)	11. 글루타민(Gln)
2. 알라닌(Ala)	12. 시스테인(Cys)
3. 발린(Val)	13. 메티오닌(Met)
4. 루신(Leu)	14. 리신(Lys)
5. 이소루신(Ile)	15. 아르기닌(Arg)
6. 세린(Ser)	16. 히스티딘(His)
7. 트레오닌(Thr)	17. 페닐알라닌(Phe)
8. 아스파르트산(Asp)	18. 티로신(Tyro)
9. 아스파라긴(Asn)	19. 트립토판(Trp)
10. 글루탐산(Glu)	20. 프롤린(Pro)

아미노산 20종류   ▨▨▨ 비아미노산

DNA 암호를 푸는 열쇠 | DNA에는 단 4종류의 염기밖에 없습니다. 그런데 단백질은 무수히 많습니다. 단 4종류의 문자(염기)로 이 단백질들을 나타내려면 어떻게 하면 좋겠습니까? 무수한 단백질도 그 원료가 되는 아미노산은 단 20종류라는 것은 이미 말씀드린 바와 같습니다. 이중나선형인 DNA 일부를 꺼내서 아미노산을 표시하는 암호를 한번 찾아봅시다. 일단 사다리 발판을 주목해주십시오. A(아데닌), T(티민), C(시토신), G(구아닌) 4종류의 염기 문

1번째	2번째				3번째
	T	C	A	G	
T	페닐알라닌	세린	티로신	시스테인	T
	페닐알라닌	세린	티로신	시스테인	C
	루신	세린	정지	정지	A
	루신	세린	정지	트립토판	G
C	루신	프롤린	히스티딘	아르기닌	T
	루신	프롤린	히스티딘	아르기닌	C
	루신	프롤린	글루타민	아르기닌	A
	루신	프롤린	글루타민	아르기닌	G
A	이소루신	트레오닌	아스파르트산	세린	T
	이소루신	트레오닌	아스파르트사	세린	C
	이소루신	트레오닌	리신	아르기닌	A
	메티오닌(개시)	트레오닌	리신	아르기닌	G
G	발린	알라닌	아스파르트산	글리신	T
	발린	알라닌	아스파르트산	글리신	C
	발린	알라닌	글루탐산	글리신	A
	발린(개시)	알라닌	글루탐산	글리신	G

DNA 암호 해독표

자가 쭉 일렬로 서 있습니다. 이 배열 자체가 아미노산의 합성법, 즉 단백질 설계도입니다.

DNA는 다 펼치면 1.8미터나 되는데 거기에는 4종류 염기(A, T, C, G)로 된 문자열이 30억 개 줄 지어 있으며 그 일부는 아미노산 종류를 지정하는 곳입니다. 문자열의 암호를 푸는 열쇠는 '3문자를 세트로 생각한다'는 것입니다. 즉 3문자를 하나의 단어로 생각하면 암호가 풀립니다. 이런 해독 메커니즘은 누가 알아냈을까요?

3문자를 세트로 암호를 풀 수 있다 | 예를 들어 'GAACCGGG GTGA' 순서로 있다고 칩시다. 이 암호를 풀기 위해서는 우선 'GAA', 'CCG', 'GGG', 'TGA'로 3문자씩 나눕니다. 이 3문자 세트를 전문 용어로 '코돈(codon)'이라 합니다. 귀여운 동물 이름 같지만, 이 코돈이 20종류의 아미노산 배열을 지정한 것입니다. 암호를 한번 풀어봅시다. 'GAA'의 1번째가 G, 2번째가 A이므로, G와 A가 맞닿는 칸에 있는 4종류의 아미노산 중의 하나가 GAA 의 정체입니다. 여기서 3번째 문자 A에 해당되는 것을 찾으면 글 루탐산이라는 사실을 알게 됩니다.

같은 요령으로 CCG는 프롤린, GGG는 글리신, 그리고 마지 막 TGA는 정지를 나타냅니다. 코돈이 보인다는 것은 합성하는 아미노산의 종류뿐만 아니라 개시나 정지의 신호까지 보냈다는 것을 뜻합니다. 개시는 GTG입니다.

수백, 수천의 문자로 단백질이 된다 | 단백질 1개에는 보통 아미 노산 300개 정도가 결합되어 있습니다. 아미노산 1개는 염기 3문 자로 표시되므로 단백질 1개를 만들려면 염기 900개가 필요합니 다. 이 아미노산 배열이 한 개라도 다르면 전혀 다른 것이 되고 맙 니다.

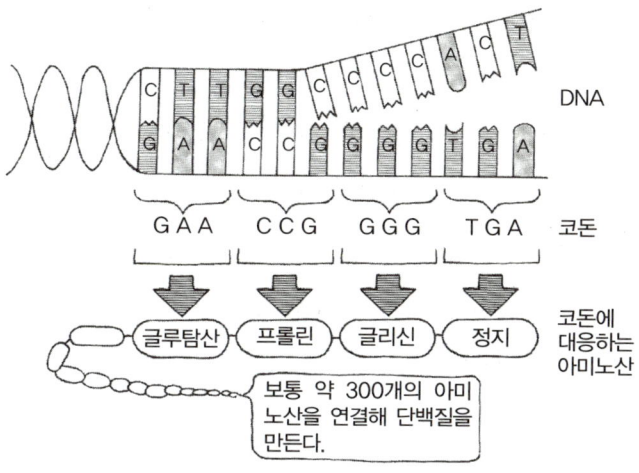

보통 약 300개의 아미노산을 연결해 단백질을 만든다.

단백질은 식물과 동물이 다릅니다. 소, 돼지의 근육과 인간의 근육도 다르듯이 말입니다. 인간은 식물이나 다른 동물들에게서 취한 단백질을 아미노산으로 분해한 다음, 3종류의 염기로 되어 있는 코돈(3문자의 조작)을 자기에게 맞게 다시 배치합니다.

메신저의 대활약

설계도를 찾아서 복사한다 ┃ 단백질 1개를 만들려면 900개의 문자가 필요하다는 것을 알았습니다. 그러면 단백질은 어떻게 합성

될까요? 우선 염색체 46개의 DNA에서 단백질의 암호, 즉 유전자 있는 곳을 찾아서 꺼냅니다. 실은 30억 개의 문자열에서 단 300개 정도의 코돈이 연결되어 있는 단백질 설계도를 찾아내는 것이므로 대단한 작업입니다. 그러나 우리 몸속에서는 언제나 계속해서 이 작업이 이루어지고 있습니다. 대단한 일입니다. 그런데 암호가 있는, 설계도가 있는 장소가 알려지면 그것을 '옮겨 복사'해야 하는데 그 역할을 담당하는 것이 RNA(리보핵산)라는 물질입니다. RNA는 명칭은 DNA와 비슷하나 이중나선형이 아니라 새끼 1개가 꼬여 있는 모양입니다. 단백질 설계도를 복사할 때는 우선 쌍으로 연결되어 있는 DNA의 염기와 염기 사이가 풀어집니다. 복사하고 싶은 부분의 지퍼가 열리는 것입니다. 그리고 열린 DNA 염기와 염기 사이에 새끼줄 같은 모양의 RNA 1개가 삽입됩니다.

메신저가 설계도를 핵의 밖으로 운반한다 | RNA가 DNA를 찍어

내는 방법은 DNA가 복제되는 과정과 같습니다. A(아데닌)에는 T(티민), C(시토신)에는 G(구아닌)밖에 결합될 수 없다는 사실을 이용해서 문자를 읽어내는 것입니다. 다만 RNA는 T(티민) 대신에 U(우라실)라는 물질(화합물)을 사용합니다. 즉 A(아데닌)과 U(우라실)이 결합되는 것입니다.

　RNA가 읽어낸 복제된 DNA를 'mRNA(messengerRNA)'라 합니다. mRNA는 세포핵 밖으로 복제된 설계도를 운반해냅니다. 이

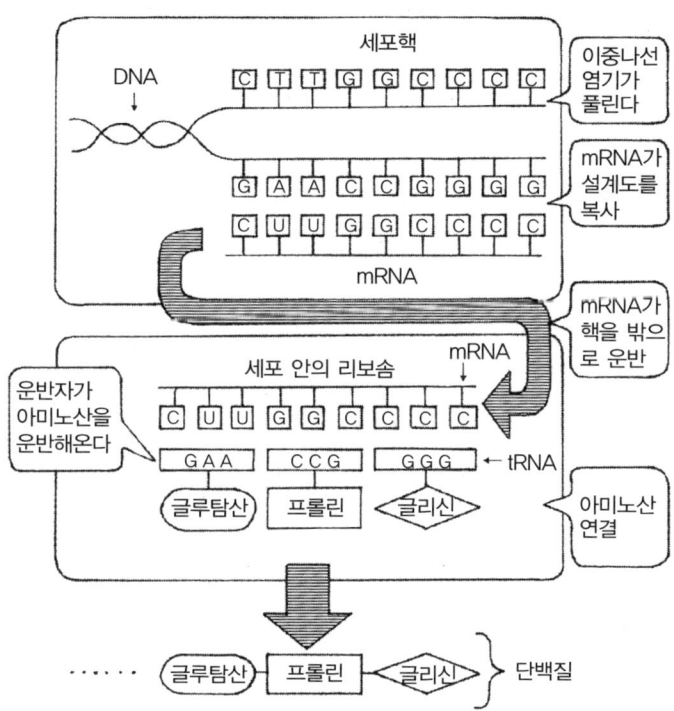

세포핵

DNA

| C | T | T | G | G | C | C | C | C |

이중나선 염기가 풀린다

| G | A | A | C | C | G | G | G | G |

| C | U | U | G | G | C | C | C | C |

mRNA

mRNA가 설계도를 복사

mRNA가 핵을 밖으로 운반

세포 안의 리보솜

mRNA

| C | U | U | G | G | C | C | C | C |

운반자가 아미노산을 운반해온다

| G A A | | C C G | | G G G | ← tRNA

글루탐산   프롤린   글리신

아미노산 연결

· · · · · 글루탐산   프롤린   글리신 } 단백질

mRNA가 찍어낸 설계도에 'tRNA(transferRNA)'라는 아미노산 운반자가 접근해옵니다. tRNA는 mRNA가 찍어낸 설계도에 따라서 부지런히 아미노산을 운반해와서 연결시켜 단백질을 만듭니다. 이것이 단백질 제조 과정(방법)입니다. tRNA도 코돈과 같이 3문자가 세트인데 아미노산을 순서대로 연결시켜 단백질을 만드는 장소는 세포 속에 있는 '리보솜'입니다.

문밖으로 못 나가는 DNA | 어째서 DNA는 직접 아미노산을 만들지 않고 메신저를 이용하는 것일까요? 실은 DNA는 '문' 밖으로 나갈 수 없습니다. 단백질을 만들 때마다 세포핵 밖으로 나간다면 무척 위험할 것입니다. DNA는 상처받기 쉽습니다. 세포핵 속에는 여러 가지 화학물질이 들어 있어서 유전자가 상처를 받으면 세포분열시 문제가 생깁니다. 이렇게 DNA가 정상적으로 활동하지 않으면 우리는 살아갈 수가 없습니다. 무서운 것은 방사능은 세포핵 속까지 침투해서 DNA를 상처 입힌다는 것입니다. 상처받은 DNA는 단백질을 설계하려 해도 잘 안 됩니다. 그래서 우리는 병에 걸리고 생명을 잃기도 합니다.

세포 1개 속에서 일어나는 단백질 제조 과정을 약품회사에 비교해봅시다. DNA는 약품회사 본사 컴퓨터에만 보관되어 있는 '상품 설계 데이터'라고나 할까요. 그 회사 본사는 세포핵에 해당합니다. DNA가 설계 데이터면 메신저(mRNA)는 '설계 데이터를 컴퓨터에서 빼내는 제조책임자'입니다. 그는 자유롭게 본사에 출입합니다. 본사에서 호출해 제조 명령을 받으면 설계 데이터를 컴퓨터에서 시디롬(CD-ROM)으로 복사해서 공장으로 돌아옵니다. 본사의 제조 명령은 아미노산을 재료로 단백질을 만들라는 것입니다.

리보솜이라는 '공장'으로 급행한 메신저(mRNA)는 본사 명령을 실행하기 위해 재료를 모으고 제조라인도 준비합니다. 이때 단백질을 만드는 데 필요한 여러 가지 재료(아미노산)를 납입하는 운반자(tRNA)가 찾아옵니다. 제주책임자인 메신저는 얻은 아미노산을 단백질 합성법에 따라 제조하도록 제조라인에 지시해서 단백질을 만들게 합니다.

메신저 양으로 온과 오프의 비율이 측정된다 | 본사에서는 그 상황을 감독하면서 다른 담당자에게 재고가 부족한 다른 단백질의 제조 명령을 내립니다. 유전자 스위치가 온으로 된다는 것은 제조책임자인 mRNA가 활발히 움직이고 있다는 뜻이고, mRNA가 많이 모이면 그만큼 단백질도 많이 만들어져 온 상태로 됩니다. 따라서 유전자 활동은 mRNA 양이 증가하는 것으로 확인됩니다. 그러나 같은 온이라도 20퍼센트일 수도 있고 50퍼센트, 80퍼센트일 수도 있습니다.

살아 있는 것들은 전부 동료

지구 생물의 DNA 구조는 같다 │ DNA 기본 구조는 모든 생물이 같다고 합니다. 왜 그럴까요? 상상해보십시오. 지구에 생물이 출현한 이래 38억 년이란 세월이 흘렀습니다. 그 오랜 역사 속에서 약 1억 종이 생겼습니다. 그중 약 98퍼센트는 절멸했습니다. 살아남은 것은 기껏해야 200만여 종입니다. 그 이유에 관해서는 연구자마다 설이 다릅니다만, 연구자들이 모두 합의하는 것도 하나 있습니다. 동식물 세포 하나하나에 들어 있는 DNA 구조가 모두 같다는 것입니다. 즉, 모든 생물의 DNA에는 어떤 생물이 된다는 것을 결정하는 단백질을 만드는 메커니즘이 있으며, 그것은 모두 4종류의 염기 문자로만 씌어 있다는 것입니다.

대장균이나 곰팡이류 같은 단세포 미생물의 DNA도 우리 인간의 DNA 구조와 같습니다. 이것은 지구상 전 생물의 유전자 암호가 같다는 얘기입니다. 그렇기 때문에 당뇨병 약인 '인슐린'이라는 물질을 대장균 세포로 만드는 것이 가능한 것입니다. 인간과 대장균의 DNA 기본 구조가 같기 때문입니다. 각각의 유전자가 서로 다른 언어로 씌어 있다면 이런 일은 도저히 불가능하겠지요.

이러한 사실은 지구상의 전 생물이 근본적으로 단 하나의 생물에서 갈라져 나와서 여러 형태로 진화했음을 시사하고 있습니다.

땅강아지나 소금쟁이도 우리의 동료였다니 참으로 놀라운 일입니다. 이 '놀라움'이 과학에서는 가장 귀중한 것입니다.

외적에게서 생명을 지키는 불가사의한 메커니즘 | 지렁이도 땅강아지도 소금쟁이도 지구상의 생물이 살아 있을 수 있는 것은 각 생물 세포에 들어 있는 유전자가 항상 활동하고 있기 때문입니다.

유전자 활동에 대해서는 놀라운 일이 계속 알려지고 있습니다. 우리 몸은 이물질에 대항하는 '항체'를 만들 수 있는데 그 항체로 외부에서 침입해온 유해 물질을 해치우거나 쫓아냅니다. 항체는 약 100만 종류나 됩니다. 외부 물질의 수가 많으므로 항체 수도 방대해진 것이지요. 항체는 단백질로 되어 있는데, 언제 어떤 이물질이 몸 안으로 들어올지 몰라 우리 몸은 이런저런 모든 경우를 대비해 100만 종의 항체 단백질 설계도를 미리 유전자에 그려둔 것은 아닐까요?

이 수수께끼는 최근 멋지게 해명되었습니다. 유전자공학 수법으로 항체 유전자와 주변 암호가 해독되었기 때문입니다. 우리 인간은 항체 유전자를 아미노산이라는 부품으로 나눈 다음 필요할 때마다 그것을 자유롭게 조작해서 항체를 만들어내는 것입니다. 이것도 일종의 유전자 활동입니다. 이렇게 보면 100만 종류뿐만 아니라 계산상으로는 100억에 해당하는 항체를 만드는 것도 가능합니다.

지금까지 보아온 것을 생각하면 유전자가 바로 생명의 근원임을 알 수 있습니다. 즉 유전자가 활동하지 않으면 생명도 끝나버리는 것입니다. 유전자가 쉬지 않고 활동해줌으로써 생물로서 활동하는 것입니다.

조상들이 구축해온 '생명의 역사'를 물려받고, 일상생활도 할 수 있으며, 미래에 무엇인가를 전할 수도 있는 것입니다.

인간이니까 놀라움이나 발견이 있다 | 인간은 실은 땅강아지나 소금쟁이와 동료입니다. 그것뿐인가. 곰팡이나 대장균 등과도 기본적으로 DNA 구조가 같습니다. 생명체인 이상 모두 같은 방법으로 만들어졌다는 것입니다.

이런 굉장한 일을 도대체 누가 생각해낸 것일까요. 땅강아지나 소금쟁이들은 적어도 우리 인간처럼 생명이란 무엇인가에 관해 궁금해하거나 인간과 대장균의 DNA가 같은 말로 쓰여 있다는 사실에 놀라워하는 일은 없을 것입니다. 생각하는 것, 조사하는 것, 발견하는 것 등은 인간이기 때문에 할 수 있는 것이 아니겠습니까?

과학은 언제나 놀라움의 연속입니다. 그래서 모르고 있었던 것의 실마리를 찾거나 반대로 수수께끼가 한층 깊어졌을 때 과학자는 놀라서 흥분하고 감동도 합니다. 과학은 바로 지적인 엔터테인먼트입니다.

단 하나의 존재

38억 년 생명의 역사 | 인간의 생명은 모두 단 하나의 수정란에서 시작되었습니다. 우리는 "아기를 만든다"고 쉽게 얘기합니다만, 40년이나 생명과학 현장에 있던 제가 보기에 인간은 '수정을 돕는 일'을 한 것에 불과합니다. 약간 수정을 돕고, 영양분을 준 것뿐입니다.

우리가 인간으로서 살아가며 활동하기 위한 유선자 설계도는 처음부터 수정란이란 1개의 세포에 쓰여 있었습니다. 아버지와 어머니에게서 유전자를 얻어 하나의 수정란이 된 뒤, 세포분열을 되풀이해서 수십 조의 세포로 되어 있는 아기가 탄생하는 것입니다. 그 기간은 수정된 지 38주에서 40주입니다. 이것은 단순한 세포에서 인간까지 진화한 38억 년이라는 굉장히 오랜 기간에 비교하면 정말 한순간의 일입니다. 아기의 탄생은 인류 역사의 기적을 확실하게 보여주는 것입니다.

여기서 중요한 것은 유전자 암호 레벨에서 보면 인간 유전자는 99.9퍼센트 이상이 같다는 것입니다. 노벨상을 수상한 사람이나 당신이나 그런 뜻에서는 겨우 오차 정도 다를 뿐입니다. 그런데도 아버지와 어머니에게서 물려받은 유전자는 완전히 같은 것이 하나도 없습니다. 38억 년 전에 탄생한 생물은 진화를 거듭하다 약

9억 년 전이 되어서야 비로소 부모가 자식을 만드는 유성생식을 시작했습니다.

생명 탄생의 드라마 | 유전자 암호는 모든 생물이 같지만 유성생식의 메커니즘으로 인해 우리 개체는 같은 유전자가 하나도 없는 다양성을 가지게 되었습니다. 그 결과, 급격한 환경 변화에도 버틸 수가 있었습니다.

아버지 몸에서 만들어진 4억 개나 되는 정자가 어머니 몸 안으로 들어가는 순간부터 인간이란 생명의 드라마가 시작됩니다. 어머니 태내에서는 단 1개의 난자를 목표로 정자 수억 개가 그야말로 생사를 걸고 싸웁니다. 그러다 제일 먼저 도착한 단 하나의 정자가 난자 속으로 들어가서 수정이 완료되는 것입니다.

여기까지도 굉장한 전투입니다. 수정란이라는 것은 생명 중에서도 특별한 것이며, 엘리트 중의 엘리트라 할 수 있습니다. 수정란이 되는 것만도 벌써 대단한 경쟁을 이겨온 것입니다.

수정란은 어머니 태내에서 38주 동안 세포분열을 되풀이하면서 아기로 탄생합니다. 이 수정란은 유전자에 쓰여 있는 설계도에 따라서 분열하며 성장합니다. 태아를 영상으로 보면 세포 1개에서부터 점점 분화해서, 처음에는 물고기 같았다 파충류 모양이 되고 포유류 특징이 나오면서 조금씩 인간의 모습에 가까워집니다.

여기서 더욱 경이로운 것은 한 쌍의 부모에게서 태어나는 아이에게는 약 70조나 되는 유전자 조합이 있다는 것입니다. 즉, 유전자에 쓰여 있는 설계도가 꼭 같을 확률은 70조 분의 1에 불과합니다. 지구 어디를 가도 나와 유전자가 같은 사람이 없다는 것입니다. 바로 내 유전자는 단 하나입니다.

기적적인 다양성을 가진 생명 | 우리는 두 번 다시 같은 유전자를 갖지 못합니다. 그래서 유전자는 한 번 잃으면 두 번 다시 같은 것이 탄생할 수 없는 귀중한 것입니다. 그런 귀중한 생명체인데도 자기답게 살려고 하지 않거나 자살하려는 사람, 생명을 소중히 여기지 않는 사람들이 있다는 것이 생명과학을 연구해온 저에게는 믿기지 않습니다.

앞에서 보아온 것처럼 우리 생명의 기원은 같으며 모든 생물은 유전자 암호가 같습니다. 또한 인간은 다른 동물의 유전자와 서로 크게 다르지 않습니다. 원숭이 유전자와도 1.23퍼센트 정도 다릅니다. 그렇게 생물들은 공통성이 있으면서 똑같은 유전자는 없는 다양성도 가지고 있습니다. 그래서 모든 생명은 한 형제이지만 '모두 다르며 모두 좋다'고 개성 있게 표현할 수 있는 것이지요.

과학의 한계와 우리의 무한한 가능성 | 자연에는 아직도 모르는 것이 많습니다. 과학자들이 시험관 속에다 재료들을 넣고 가공하여 여러 물질을 만들어낼 수는 있으나, 생명체는 만들 수 없습니

다. 아미노산으로 단백질인 물질을 합성할 수는 있으나 거기에 생명의 등불을 켤 수는 없습니다.

그런 뜻에서는 인간의 과학 기술보다도 대장균 쪽이 더 훌륭하다고 얘기할 수 있겠지요. 왜냐하면 그들은 틀림없이 현재 살아 있기 때문입니다. 그 점이 물질과 크게 다릅니다. 세계 학자들의 지식을, 세계의 부를 다 모아 연구하더라도 대장균 하나를 처음부터 만들어낼 수는 없습니다. 그러므로 지금 현재 살아 있다는 것에 대해서 더욱 경이로움을 느껴도 좋습니다. 더욱더 자만해도 좋습니다. 노벨상을 수상한 생물학자도 생명을 만들어내지는 못하니까요.

생명체에서 DNA를 뽑아내어 복제할 수는 있으나 물질에서 생명을 탄생시킬 수는 없습니다. 단 1개의 세포조차 만들어내지 못합니다. 그런데도 우리는 지금 혼자서 수십 조의 세포를 갖고 있습니다. 그리고 그 세포들은 하나하나 살아서 호흡하고, 열심히 자기 역할을 완수하고 있습니다. 인간으로 태어났다는 것은 그것만으로도 훌륭한 것입니다.

어머니 뱃속에서 태아가 물고기나 파충류 등의 모양을 거쳐 인간이 되어 탄생했다는 것은 기적적인 일입니다. 그리고 그후 단 0.1퍼센트의 차이가 인간의 개성을 형성해가는 것입니다. 0.1퍼센트는 애초부터 오차의 범위 안에 있습니다. 그러니 그런 오차는 별로 문제 삼지 말고 인간으로 태어난 훌륭한 과정을 우리는 좀더 자각할 필요가 있지 않겠습니까?

4

스위치 온의 비결

노력은 유전자 온으로 통한다

사회 : 요코자와 선생님은 텔레비전에서 웃음에 관한 프로그램을 시작하셨는데요, 동기가 무엇인가요?

요코자와 : 그런 말을 들으면 어떻게 대답해야 할지…. 어렸을 때부터 이유 없이 웃음이 좋았습니다.

무라카미 : 웃음과 연애하신 게로군요.

요코자와 : 그러게 말입니다. 제가 어릴 때는 아직 텔레비전이 없었습니다. 그래서 라디오를 주로 듣고, 영화도 많이 보았지요. 자랑하는 것 같습니다만 저는 책을 좋아해서 무척 많이 읽었습니다.

그때 습관이 돼서 지금도 한 달에 20권 정도는 읽으니까요.

무라카미 : 저보다 훨씬 독서광이시군요. 어떤 책들을 좋아하십니까?

요코자와 : 쓸데없는 내용부터 고상한 것까지 이것저것 가리지 않고 읽습니다. 일단 어떤 책을 읽으면 그것이 발효될 때까지 한동안은 접어둡니다. 그러다 보면 어느 순간 그것이 살아나지요. 어디선가 유전자 스위치기 '온'으로 뇐 것입니다.

무라카미 : 요코자와 선생님이 보시기에는 유전자 스위치가 온으로 될 성장 가능한 연예인은 어떤 타입입니까?

요코자와 : 다른 사람이 보고 있지 않은 곳에서 노력하는 사람, 놀고 있는 것처럼 보이지만 언제나 보통 사람보다 몇 배 더 노력하는 사람이지요. 미국 메이저리그에서 활약하고 있는 야구 선수가 집에서 타격 폼을 연습하는 것처럼 자신을 위해서 노력하는 사람입니다. 연예인은 프로이기 때문입니다. 어떤 의미에서 자기중심적인 데가 있지요. 특히 코미디언들은 언제나 어떻게 하면 객석에 있는 관객을 웃길까 진지하게 고민합니다. 그래서 무대에 오르면 마치 전쟁하는 기분이라고 합니다.

무라카미 : 관객과 목숨을 건 결투를 벌인다고 볼 수 있겠군요?

요코자와 : 예. 코미디언을 죽이려면 칼 같은 것은 필요 없습니다. 객석에서 절대 웃지 못하게 하면 코미디언은 틀림없이 우울증에 걸리니까요. 코미디언에게 웃음은 자기 만족이어서는 안 됩니다. 관객과 전쟁하는 것이라지만 무대에 나서봐야 코미디언은 자신의 연기력도, 관객의 고마움도 알게 됩니다.

무라카미 : 엔터테인먼트 세계에서는 안 보이는 곳에서 많이 노력해야 하는군요?

요코자와 : 예, 그렇습니다. 세 번째 실험에서는 마휘[馬風] 선생이 힘들었어요. 객석 뒤쪽에서는 꽤 웃음이 흘러나왔는데, 앞쪽에서는 좀처럼 웃어주지를 않았거든요. 그런데도 준비해온 얘기들을 계속해나갔지만요.

무라카미 : 나중에는 다들 폭소를 터뜨렸는데 준비해둔 얘깃거리가 그나마 많아서였군요?

요코자와 : 그렇죠. 마후 선생이 관객들을 웃기는 데 성공한 건 앞에 있는 안 웃는 관객과 필사적으로 싸운 결과입니다.

무라카미 : 객석 앞과 가에 당뇨병 환자들이 있었는데 그분들은 꽤 크게 웃었는데…. 아마 무대에서는 거의 들리지 않았던 모양입니다.

요코자와 : 그래요? 마후는 관객들이 좀체 안 웃는다며 투덜대던데. 그 환자들을 좀더 가운데 쪽에 앉게 할 걸 그랬군요. 코미디 쇼에서는 앞쪽에 그 쇼를 아주 좋아하는 팬들이 앉습니다. 그런데 이런 관객들은 그런 쇼를 몇 번이나 보러 오기 때문에 그저 그런 것에는 잘 웃어주지 않습니다. 거기서 관객과 전쟁이 시작되는 것입니다. 그런데 이번 경우는 아니었군요. 모두 웃고 있었다는 말이지요?

무라카미 : 웃는 양이 사람들마다 조금씩 다른가 봅니다. 당뇨병 환자 중에서도 똑같이 웃은 것 같은데 어느 환자는 혈당치가 크게 감소한 반면 어느 환자는 별로 감소하지 않았거든요. 본인은 확실히 크게 웃었다고 생각하는데 무대에서 보면 별로 웃는 것같이 보이지 않은 사람들이 있습니다.

요코자와 : 체질이 달라서일까요?

무라카미 : 예. 저는 웃는 체질을 만들어야 한다고 생각합니다.

좀처럼 웃지 않는 환자도 노력해서 웃는 체질이 되면 치료 효과도 좋아지지 않을까요?

요코자와 : 요시모토흥업은 웃기는 방법을 공부하는 학교를 세웠는데 웃는 쪽도 웃는 방법을 공부할 필요가 있을 듯합니다.

환경을 바꾸는 유전자 '온'

잠자고 있던 유전자 스위치가 켜진 것이 아닐까 싶은 체험을 저도 했습니다. 오래전 이야기입니다만 지금도 어제 일같이 생생합니다. 저는 20대에 미국으로 건너갔는데 미국 환경이 저의 잠자고 있던 유전자 스위치를 온으로 켠 것입니다. 지금부터 약 40년 전의 일이지요. 우연히 미국 대학에서 연구할 기회를 얻어 미국으로 건너가 연구에 몰두했습니다. 저는 그 땅에서 큰 변화를 경험했습니다. 만일 미국에 안 갔더라면 현재의 저는 없었을 것입니다.

일본에서 미국으로 가도 저의 유전자 그 자체는 아무것도 변한 것이 없습니다. 유전자라는 것은 그렇게 간단히 변하지 않습니다. 그렇게 쉽게 변한다면 위험해서 어떻게 하겠습니까? 그러면 무엇이 변한 것일까요? 외부 환경입니다. 환경이 변하면 유전자 자체가 아니라 유전자가 본래부터 갖고 있던 활동이 변합니다. 그런데 일본에서 저는 수업도 별로 받지 않고 놀기만 했습니다. 당연히 성적이 좋지 않았지요. 여학생들과 데이트하는 데에만 빠져 있었으니까요. 이래서 지금 학생들에게 조언할 수 있는 자격은 없는데…. 그래서 저는 일본에서 연구 생활할 때도 두각을 나타내지 못했습니다. 선배가 옥상에 쪼그려 앉히고 꾸중했을 정도였으니까요.

그런 제가 미국으로 건너가선 크게 놀랐습니다. 60년대 당시 미국은 정말 훌륭한 나라였습니다. 지금도 미국인들은 그 시기를 '황금의 60년대'라고 합니다. 생활은 풍요로웠고 사람들은 친절했습니다. 무엇보다 놀란 것은 저의 월급이 이전보다 10배나 많았다는 것입니다. 혹시 뭔가 잘못된 것이 아닌가 하고 의심할 정도였습니다. 어쨌든 많은 월급이었습니다. 일본에서보다 10배 높은 월급을 받으니 그만큼 인정받은 기분이었습니다. 인간은 누구나 인정받으면 기뻐합니다. 그래서 저에게 미국은 천국 같은 나라였습니다. 게다가 당시 신혼이었으니 더 그랬습니다.

미국에서는 대학을 졸업한 지 몇 년밖에 안 된 젊은 연구자와 훌륭한 교수 월급이 크게 차이 나지 않습니다. 연공서열은 있을 수 없으며, 완전한 실력 위주의 사회입니다. 이것은 인간의 가치관에 영향을 끼칩니다. 제가 살던 아파트 옆방에 50대 중반 교수가 살았는데 그분 월급이 저와 같았습니다. 일본에서는 상상도 할 수 없는 일이었지요.

노벨상 수상자에게도 엄한 세계 | 그러나 미국 생활이 즐거웠던 것만은 아니었습니다. 미국 대학에서 놀란 점은 교수들이 아침부터 밤늦게까지 열심히 연구한다는 것입니다. 모두 필사적이었습니다. 미국 연구자들은 일본에서는 생각할 수 없는 치열한 경쟁 속에서 일하고 있었습니다. 교수 유효 기간은 기껏해야 5년 정도. 그 기간이 지나면 연구비가 지원 안 돼 연구도 계속할 수 없을 뿐만 아니라 급여도 못 받습니다. 그래서 어제까지 대학교수였던 사람이 하루아침에 택시 운전사로 일하기도 합니다. 이것이 미국이라는 사회의 실체입니다.

미국은 선생에게는 특히 매우 엄한 나라입니다. 노벨상 수상자라고 해서 무조건 연구비를 받을 수 있는 것도 아닙니다. 노벨상에도 특급, 보통 등의 서열이 있습니다. 설령 노벨상을 받았더라도 5년 동안 좋은 강의도 하지 않고, 연구 실적도 없으면 "자, 다른 데로 가십시오!"라는 얘기를 자연스레 듣게 됩니다. 이것은 엄한 현실입니다.

대학에 따라서는 노벨상을 받으면 다른 대학으로 옮겨달라는 곳도 있습니다. 매사추세츠 공과대학교에서는 많은 노벨상 수상자가 나왔는데 상을 받으면 학교 측에서 대체로 그만두기를 원한답니다. 상을 받아서 더는 좋은 연구를 안 할 테니까 말입니다. 즉, 연구 결과를 이미 인정받아 세계 역사에 남게 되었으니, 더는 인생을 걸고 연구하려고 하지 않는다는 것입니다. 노벨상 받은 학자를 내보내면 그 사람 급여로 젊고 우수한 학자 두세 명을 고용할 수 있습니다. 그런 유능한 젊은 학자들에게 훌륭한 일을 맡긴다는 것입니다.

학생과 교수도 엄한 긴장 관계 | 연구 환경만 엄한 것은 아닙니다. 미국에서는 교수와 학생 사이에서도 긴장이 흐릅니다. 처음에 저는 영어가 서툴렀습니다만, 10년 정도 되어서는 대학에서 강의를 할 정도가 됐습니다.

그런데 미국 학생들의 질문 공세가 대단합니다. 강의 노트를 준비해도 강의 도중 학생들이 많이 질문해 예정대로는 안 됩니다. 시험을 보아도 학생들은 가만히 있지 않습니다. 답안지를 돌려주면 꼭 1, 2학년생은 점수가 낮다고 항의해옵니다. 제가 답안의 틀린 곳을 지적해도 학생들은 물러서지 않고 제 영어가 서툴러서 잘 알아듣지 못했다고 우겼습니다. 그 말에 솔직히 화가 났습니다만, 영어가 서툰 것은 확실히 치명적이었습니다.

당시 저는 조교수였는데 그 기간이 3년이었습니다. 즉, 3년이 지나면 언제든 학교에서 해고될 수 있었습니다. 영어가 서툰 것은 좋은 해고 구실이 될 것입니다. 그래서 그대로 물러설 수가 없었는데 어떻게 해결했냐면은, 성적이 제일 좋은 학생의 복사한 답안지를 들이밀어 "학생의 점수가 낮은 것은 나의 영어 때문이 아니라 학생이 공부를 안 한 것이 아닌가. 같은 강의를 듣고 이렇게 훌

류한 답안을 쓴 학생도 있다"며 항의하는 학생들을 돌려보낸 것입니다. 그렇게 당장의 어려움은 넘겼지만 그래도 걱정이 되었습니다. 학기가 끝나면 대학에서는 학생들에게 설문지를 돌립니다. 이번에는 교수들이 채점을 당하는 것입니다. 너무 적이 많으면 그 단계에서 해고되기도 합니다.

이러한 엄한 환경에서 어떻든 강의도 하고 연구도 계속 했습니다. 바뀐 환경 때문에 저의 자고 있던 유전자가 온으로 켜져 일본에서보다 더 노력했습니다. 그렇게 악전고투를 되풀이하다 이윽고 생애의 연구 주제인 효소 '레닌(renin)' 연구에서 실적을 올려 연구자로서 꽃을 피우기 시작했습니다.

어떤 상황에 몰아넣어도 유전자는 온!

마음의 결심 | 미국에서 연구가 궤도에 오를 무렵, 저는 영주권도 얻고 내슈빌 시에 집도 장만해 장기 체류를 준비하고 있었습니다. 그때 마침 대학 때 은사에게서 일본에 쓰쿠바대학이라는 새로운 미국식 대학이 세워졌는데 돌아오면 어떻겠느냐는 편지를 받았습니다. 은사의 권유를 거절할까, 수락할까 망설이다가 결국 일본으로 돌아왔습니다.

후에 쓰쿠바대학 창립 10주년 기념 사업을 추진하는 자리에 참여하게 되었습니다. 기념위원인 저는 그 자리에서 "창립 10주년을 맞을 때까지 어느 분야라도 좋으니까 3년 안에 세계에 내놓을 만한 연구 성과를 내자"고 제안했습니다. 제안은 통과되었고, 제 제안이므로 저는 꼭 제 연구실에서 결과 낼 것을 다짐했습니다. 총장은 그 제안을 아주 좋아했고, 3년 안에 연구 성과를 낸다고 총장에게 선언한 이상 저는 그 약속을 꼭 지켜야겠다고 다짐했습니다.

이렇게 일부러 자기를 어쩔 수 없는 상황에 밀어넣는 것도 유전자 스위치를 온으로 켜는 방법입니다. 미국에 건너갔을 때처럼 환경 변화가 유전자 활동도 변화시킨다는 것을 알고 있는 저는 일본으로 돌아온 후에는 제 자신이 환경을 변화시킬 수 없다는 사실을 실감하고 있었던 것입니다. 연구라는 것은 '마음의 결심'이 중요합니다. 특히 실험은 해볼 때까지는 결과도 모르므로 '꼭 할 수 있다'는 신념이 중요합니다. '안 될지도 모르겠다' 등의 약한 마음으로 시작한 실험은 성과가 나올 수 없습니다.

제1단계는 소 뇌하수체 추출 | 우리는 '고혈압이 왜 생기는지'를 연구해 해명하기로 했습니다. 그렇게 되면 많은 사람을 고통스럽게 하는 고혈압 예방이나 치료에 도움이 될 것입니다. 그러자면 '레닌'이란 효소 구조를 밝혀내야 하는데, 레닌은 원래 신장에 있다고 알려지는데 뇌 속에도 있어 혈압을 올리는 데 관여한다는

것입니다.

그러나 당시 누구도 실제로 뇌 속에서 레닌을 분리해서 보여줄 연구자는 없었습니다. 상황 증거는 있지만 그것은 과학이 될 수 없습니다. 학계에서는 "뇌에는 레닌이 없다"고 주장하는 사람들이 다수파였습니다. 우리는 레닌의 정체를 해명하기 위한 제1단계로 뇌에서 레닌을 완전히 정제해보기로 했습니다. 레닌이 있는 곳을 철저히 추적한 결과, 뇌하수체에 있다는 것을 알았습니다.

레닌의 활동 메커니즘을 해명하기 위해서는 순수한 레닌이 적어도 1밀리그램은 필요합니다. 애당초 사람 레닌의 구조를 밝히는 것이 연구 목적이었지만 인간의 레닌을 구할 수는 없었습니다. 그래서 실험에서는 '소의 뇌하수체'를 사용하기로 했습니다.

3만 마리의 소를 모으다 │ 그런데 여기서 큰 문제가 생겼습니다. 소의 뇌하수체에 들어 있는 레닌의 양이 있을까 말까 할 정도로 극히 적었던 것입니다. 1밀리그램의 순수한 레닌을 추출하자면 소 3만 내지 4만 마리가 필요합니다. 도대체 어디로 가야 그렇게 많은 소를 얻을 수 있을까요?

그때까지 레닌의 정체를 아무도 밝히지 못한 것은 소 4만 마리를 얻기 어려워서였습니다. 그것이 얼마나 어려운 큰일인지 짐작되어 모두 실험을 시작할 수 없었던 것입니다.

낙천적인 저도 일의 심각함을 알게 됐습니다. 소 4만 마리를 구하는 문제를 해결해야 했습니다. 그러나 잘 생각해보면 소 전체가 필요한 것은 아닙니다. 소의 머릿속에 있는 뇌하수체만 얻으면 됩니다. 그것은 엄지손가락 반 정도의 크기입니다. 물론 살아 있는 소에서 꺼낼 수 없으니 '가야 할 곳'은 결정되어 있었습니다.

저는 도쿄 시바우라에 있는 어느 쇠고기 판매 센터에 가서 책임자에게 부탁했습니다. 처음에 책임자는 아주 쌀쌀하게 거절했습니다. 당연한 일이겠지요. 느닷없이 어느 날 외골수인 듯한 대학교수가 찾아와서는 레닌이니 고혈압이니 뇌하수체니 하며 시끄럽게 구니까요. 그런데도 저는 몇 번이나 찾아가서 머리를 숙이고 또 숙였습니다. 소 4만 마리의 뇌하수체를 모으는 실험은 세계에서 처음이라 저는 필사적이었습니다. 연구를 위해서라면 얼마든지 머리를 숙일 수 있었습니다.

결국 책임자는 뇌하수체가 포함된 부분을 냉동해두었다가 주겠다고 약속했습니다. 우리는 딱딱하게 얼어붙은 뇌하수체를 도쿄에서 쓰쿠바까지 기뻐하며 운반할 수 있었지요.

할 수 있다고 믿으며 연구를 계속하다 | 소의 뇌하수체는 엄지손가락 반 정도인데 얇은 막으로 덮여 있어 찾기가 어렵습니다. 그러므로 연구실에서 우선 메스로 뇌하수체 껍질을 벗긴 뒤 필요한 부분을 동결 건조해서 인스턴트 커피처럼 가루로 만드는 작업을 시작했습니다. 최저 3만 개, 가능하면 4만 개의 뇌하수체 껍질을

벗기는 작업이므로 몇 년이 걸릴지 모를 일이었습니다. 저는 연구실의 젊은이들에게 "여러분 할 만한 연구입니다!"라고 말했습니다만 이것은 정확한 표현은 아닙니다. "할 수 있을지도 모르고 할 수 없을지도 모른다"는 것이 더 맞습니다. 된다는 확신은 갖고 있어도 실제 해보지 않으면 모르는 것입니다.

대체로 아무도 모르는 것을 연구하는 것이므로 객관적으로 말하면 '되든지 안 되든지'밖에 없습니다. 그런데 그런 말을 하면 아무도 안 옵니다. 그래서 저는 "이 껍질을 벗기면 꼭 좋은 연구 성과가 있다"고 얘기했던 것입니다. 연구는 마음을 정하지 못하면 못하니까요.

그러나 솔직히 말하면 최후의 최후까지 레닌을 손에 넣을 수 있을지 없을지 모릅니다. 이럴 때는 연구자도 기도하고 싶은 마음입니다. 이 기도가 통했는지 뇌 속에 레닌이 있다는 결정적인 증거를 잡을 수 있었습니다. 그때의 감격은 정말 뭐라 표현할 수 없었습니다.

이러한 감동 때문에 우리가 계속 연구하는 것이라고 해도 과언이 아닙니다. 우리의 연구 결과가 국제학술회의에서 발표되어 뇌에 레닌이 있는지 없는지에 관한 논쟁이 막을 내릴 수 있었습니다. 이렇게 3만 5천 마리의 뇌하수체 껍질을 전부 벗긴 뒤 10주년 기념 사업 제1단계를 완수했습니다.

직감을 믿고 유전자를 온으로 켜다

새로운 벽이 가로막다 | 제2단계는 드디어 레닌을 분리해 구조를 해석하는 것입니다. 그러나 곧 큰 벽에 부딪혔습니다. 레닌의 정체를 해명하려면 50밀리그램은 필요한데, 3만 5천 마리 소의 뇌하수체 껍질을 하나하나 벗겨서도 고작 0.5밀리그램밖에 얻지 못했기 때문입니다. 그 양으로는 뇌하수체 안에 레닌이 있다는 사실은 알아도 레닌의 정체는 해명하지 못합니다

또 다른 어려운 점은 우리는 소의 레닌을 취했는데 소의 레닌과 사람의 레닌은 다르다는 것입니다. 인간의 뇌하수체를 몇 천 만 개 모으는 것은 절대로 불가능한 일입니다. 연구자가 큰 벽에 부딪혔을 때는 환경을 변화시켜 보면 해결책이 나올 수 있습니다. 그때 저는 당분간 연구를 중단하기로 했습니다. 그리고 미국 대학을 견학하러 갔습니다.

유전공학과 만나다 | 어느 대학에 들렀을 때 거기서 굉장한 뉴스를 들었습니다. 인간 호르몬이나 효소를 대장균으로 만들 수 있다는 것이었습니다. 그것이 유전공학의 시작을 알리는 것이었습니다. 저는 인간의 레닌도 대장균으로 만들 수 있으리라 짐작하곤 곧바로 일본으로 돌아왔습니다.

그때까지 저는 유전자에 관해서는 전혀 모르는 문외한이자 비전문가였습니다. 그러나 그 순간부터는 유전공학으로 해결해야겠다 싶어 동료 연구가들을 연구실에 다 모이라고 했습니다.

"재미있게 됐어요. 지금부터는 유전공학 분야로 갑시다!"

유전공학을 사용하면 인간 효소를 한꺼번에 몇 그램이나 얻을 수 있습니다. 장밋빛 세계가 열리리라 기대했습니다. 그러나 곧 터무니없는 것에 손댔다는 사실을 알게 되었습니다. 왜냐하면 대장균으로 인간의 효소를 만들려면 그 전에 사람 유전자를 알 필요가 있었던 것입니다. 이것은 실로 어려운 일이었습니다.

사람 유전자는 약 3만 2천 개입니다. 이것들 중에서 레닌 유전자를 선택해서 끄집어내야 한다는 것입니다. 우선 사람을 대상으로 하기 전에 실험용 쥐로 연습하기로 했습니다. 고생은 했습니다만 젊은 연구자들의 노력으로 쥐의 레닌을 찾을 수 있었습니다.

그런데 유전자 암호를 나누어서 읽기 시작했을 때였습니다. 제일 열심히 하던 연구원이 집에서 전화를 걸어왔습니다.

"선생님 우리가 졌습니다. 오늘 도착한 최근 전문지에 파스퇴르 연구소가 우리와 똑같은 아이디어로 쥐의 레닌 유전자를 꺼내 암호 해독에 성공했다는 뉴스가 실려 있었습니다."

제2단계에서는 초전에 완패한 것입니다.

경쟁자가 더욱 앞을 달리다 | 과학 분야에서는 누가 처음으로 발

견했느냐에 큰 가치를 두고 있습니다. 2위는 '기타 다수'와 같은 것입니다. 과학 세계에는 금메달밖에 없습니다. 쥐 연구에서는 선두를 빼앗겼습니다만 실제의 인간 레닌에서는 아직 결정이 나지 않았습니다. 기분을 새롭게 하고 인간 레닌으로 목표를 바꾸었습니다. 그러나 이전의 일로 연구실은 분위기가 가라앉아 있었습니다. 게다가 창립 10주년도 가까워오고 있었습니다.

좀처럼 연구가 진행되지 않아 저는 파리의 파스퇴르연구소를 정찰하러 갔습니다. 파스퇴르연구소는 경쟁자이었지만 경쟁하다 좀더 가까워진 곳입니다. 서로 연구 내용을 얘기하며 경쟁하게도 되었고요. 알고 지내는 연구원에게 어디까지 연구했는지 살짝 물었더니 그는 인간의 유전자도 얻어 이제는 암호 해독만 남았다고 미소를 지으며 말했습니다. 그러면서 우리 상황을 물었습니다. 제가 전부 빠짐없이 얘기하자 그는 "당신은 쥐에서도 패했고, 인간에서도 패할 것입니다. 이 엄한 경쟁에서 두 번이나 계속해서 패하면 대단한 당신도 당분간은 일어서지 못할 것 같군요." 하며 걱정스럽게 말했습니다.

의기소침해졌지만 저는 모처럼 유럽까지 왔으니까 또 다른 곳에도 가보자 마음먹고 독일의 하이델베르크에 갔습니다. 거기서 더욱 충격적인 나쁜 뉴스를 들었습니다. 미국 하버드대학교에서도 사람의 레닌 유전자를 꺼냈다는 것입니다. 하이델베르크대학교에서도 우리보다 연구가 더 빠르게 진행되고 있었습니다. 저는 완패했다고 생각했습니다. 이럴 때는 맥주나 마시고 자야겠다 싶어 술집으로 갔습니다. 혼자 술을 마시고 있었는데 그 순간 기적 같은 일이 일어난 것입니다.

직감의 세계를 믿는다 | 교토대학 나카니시 시게타다 교수가 그 술집으로 들어온 것입니다. 나카니시 교수는 유전공학 분야에서는 세계 1위였습니다. 독일 술집에서 아는 사람하고 우연히 만날 확률은 아주 낮습니다. 그런데 우연히 만났다는 것은 거기에 무엇인가 운 좋은 것, 즉 '행운'이 깃들어 있다고 적어도 저는 그렇게 생각했습니다.

나카니시 교수에게 지금까지 일을 얘기하자 눈빛이 점점 변하더니 이렇게 얘기했습니다. "포기해서는 안 됩니다. 지금까지 노력해왔는데 그래서야 되겠습니까? 사람의 유전자 암호 해독은 90퍼센트 해독될지라도 최후의 1퍼센트에서 실패하면 도저히 앞으로 나아갈 수가 없습니다." 그러면서 나카니시 교수는 자기가 뒤에서 전적으로 지원할 테니 일본에서 그 주제로 같이 연구하자고 제안했습니다.

기분이 이상했습니다. 하늘이 날 돕는다는 생각이 들었습니다. '하늘의 도움' 운운하는 건 비과학적이라 생각할지 모르겠습니다. 일반적으로 과학이란 객관의 세계, 지성의 세계, 이성의 세계라 생각되는데 그것은 '낮의 과학'의 세계입니다. '밤의 과학'은 주관의 세계입니다. "나는 이렇게 생각한다"라는 세계. 그것은 지성이 아니라 감성, 직감의 세계입니다. 에사키 레오나 선생은 자주 "대발견은 전부 밤의 과학에서 생긴다."고 얘기했습니다. 저도 동감합니다. 왜냐하면 큰 연구라는 것은 어디선가 비약을 필요로 합니다. 즉 지성, 이성의 축적만으로는 보통의 평범한 결과밖에 나오지 않습니다. 비약하려면 지성, 이성이 아니라 주관, 직관으로 승부해야 합니다. 하늘의 도움을 느꼈던 것은 저의 직감입니다. 나카니시 교수 말에서 저는 '승리한다'고 확신한 것입니다. 그래서 저의 유전자 스위치가 켜졌습니다.

저는 기쁨과 용기로 충만해서 일본으로 돌아왔습니다. 하이델베르크에서 나카니시 교수를 만난 지 3개월 후 우리는 사람의 레닌 유전자를 취할 수 있었습니다. 그리고 세계에서 최초로 인간의 레닌 유전자 암호를 모두 해독했습니다. 야구로 치면 9회말에 극적인 역전 만루 홈런을 친 것입니다.

연구 막바지에 대학원생들은 슬리핑백을 사서 연구실이나 자동차 속에서 자가면서 연구를 계속했습니다. 세계 강자들을 따라가기 위해 모두 유전자 스위치를 온으로 켜서 서너 시간 잠만으로도 견딜 수 있었던 것입니다.

인간 레닌의 전 유전자 암호 해독은 쓰쿠바대학 창립 10주년을 기념하는 소중한 성과물이 되었습니다. 당초 선언처럼 세계에 자랑할 만한 연구 성과를 저의 연구실에서 낸 것입니다.

사회에 공헌하고 싶다

벼의 유전자 연구는 꼭 일본에서 | 2003년 3월 18일 발행된 과학 잡지 <사이언스(sience)>에 벼게놈의 전 유전자 3만 2127개가 해독됐다고 발표한 논문이 게재됐습니다. 이 프로젝트는 제가 몸무게 10킬로그램이나 빠져가면서 대학을 은퇴한 뒤 그야말로 생명을 걸고 추진한 것입니다.

쌀이 세계의 주식이 되고 있습니다. 약 30억의 인구가 쌀을 먹고 있습니다. 그런데 좀 걱정거리가 있습니다. 현재 세계 인구가 64억인데 21세기 중반쯤이면 100억이 넘을 것입니다. 그때에도 식량이 충분할까요? 아마도 매우 힘든 상황이 되겠지요. 우리가 목표로 하는 것은 그렇게 되기 전에 벼의 유전자 정보를 정확히 알아내는 것이었습니다. 하얀 쌀밥은 아주 맛날 뿐 아니라 가격도 그리 비싸지 않습니다. 영양가도 높고요. 하얀 쌀밥에 콩 즉, 두부라든지 낫토를 곁들이면 쌀밥 영양가는 더 높아지지요. 1 플러스 1의 영양가는 단순히 두 배가 아니라 서너 배가 될 수도 있습니다.

쌀은 단순히 식용만이 아니라 사람의 마음, 문화와도 아주 강하게 연결되어 있습니다. 그래서 저는 벼의 유전자를 꼭 일본에서 연구하고 싶었습니다. 벼는 일본 문화의 유전자라 할 수 있기 때문입니다.

63세에 새로 출발 | 2000년 2월 제가 이사로 있는 국제과학진흥재단에서 '벼의 DNA 해독 프로젝트'를 개시했습니다. 저는 그 전해 3월 대학을 은퇴했는데 그때 낙제에 낙제를 거듭하다 63세가 되어서야 겨우 대학을 졸업한 것 같은 기분에 사로잡혀 있었습니다. 그래서 대학에서는 그때까지 상례였던 정년 퇴임 파티가 아닌 '새로운 출발을 축하하는 파티'를 열어주었습니다. 저는 18세에 대학에 입학해서 63세에 은퇴할 때까지 줄곧 대학이란 장소밖에 몰랐습니다. 그러므로 퇴임이 '사회인'으로 새로운 인생을 시작한다는 의미로 다가왔지요.

그런데 사회인이 되어보니 실제 사회가 얼마나 험한지 알게 되었습니다. 재단이라면 자금이 충분하리라 생각할지도 모르겠습니다만 대부분 그렇듯 우리 재단도 자금이 넉넉하지는 않았습니다. 그래서 저는 연구를 위해 대학에서 받은 퇴직금 전액을 재단에 기부했습니다. 벼의 유전자 암호 해독만은 일본에서 꼭 완성하고 싶었기 때문입니다.

실제로 연구팀 운영은 저의 퇴직금으로 출발했습니다. 제가 연구팀 소유자이자 사장으로, 만일 연구가 잘 안 되어 약속한 성과가 나오지 않으면 도산하게 될 처지였습니다.

DNA에서 의미 있는 부분을 꺼내다 | 벼게놈에는 화학기호가 쓰여 있는 약 30억 개의 유전자 암호가 줄 서 있습니다. 그중에는 유

전자로서 의미가 있을 부분 즉, 설계도의 5퍼센트 정도를 차지하는 단백질을 합성하는 방법이 쓰인 곳도 있습니다. 여기서 문제가 되는 것은 벼게놈의 '어느 곳'에 유전자 암호가 숨어 있느냐는 것입니다. 즉, 문자 배열 중에 어떤 유전자 암호가 어디서 출발해서 어디서 끝나는지를 모르면 유전자 암호의 의미는 알 수 없습니다.

암호의 시작부터 끝까지 유전자로서 의미가 있는 어떤 DNA를 'cDNA'라 부릅니다. cDNA는 꺼내려고 하면 보통 꺼내는 도중에 잘리든지 분해돼버립니다. 그래서 시작부터 끝까지 완전한 cDNA를 '완전한 cDNA'라 합니다. 이 '완전한 cDNA'에는 특정 단백질을 합성하기 위해서 필요한 유전자 정보 전부가 포함되어 있습니다. 우리는 벼 cDNA 프로젝트에서 벼게놈에 포함되어 있는 '완전한 cDNA'의 전부를 꺼내어 보이는 것을 목표로 삼았습니다.

강력한 경쟁자 등장 | 벼 cDNA 해독 프로젝트를 시작한 지 2개월 후의 일입니다. 충격적인 뉴스가 날아왔습니다. 미국 바이오벤처 기업인 세레라제노믹스 회사가 벼게놈 해독에 뛰어들겠다고 선언한 것입니다. 세레라제노믹스는 세계적으로 연구 수준이 높기로 유명하며 인간게놈 해독에서도 중추적 역할을 하는 기업이었습니다. 이 때문에 인간게놈 해독에 이어서 일본이 자랑하는 벼게놈 해독에서도 우리가 뒤지지 않을까 하는 우려의 목소리가 흘러나왔습니다.

그러나 저는 어떻게 해서든지 벼게놈 유전자 해독만은 일본 연구자의 손으로 실현해야 한다고 생각했습니다. '세상과 사회를 위하여, 사람을 위하여'라는 이런 생각도 유전자 스위치를 온으로 켜는 중요한 계기가 되리라 생각합니다. 저의 유전자 스위치가 켜졌습니다. 우리는 급히 정부에서 예산을 지원받기 위해 벼 cDNA 해독 프로젝트를 설명하고 다녔습니다. 정치가 몇 분도 만났고, 총리관저에도 갔습니다. 어느 정치가는 예산을 지원해주면 꼭 이길 수 있느냐고 물어왔습니다. 저는 그렇다고 답변했습니다. 그러나 사실은 이길 수도 있고, 질 수도 있는 것이 더 옳은 표현이었습니다. 그런데 저는 이길 수 있다고 선언함으로써 제 자신을 몰아쳤던 것입니다. 저의 유전자 스위치는 더욱 온으로 켜졌습니다. 큰 규모로 예산을 지원받아 프로젝트가 진행되었습니다.

나쁜 소식과 발상의 전환 | 2002년 4월 또 다른 충격적인 뉴스가 들어왔습니다. 스위스의 신젠다회사 그리고 베이징 게놈연구소와 워싱턴대학교 미·중 공동연구팀이 동시에 벼게놈 해독에 성공했다는 보고가 4월 5일 발행된 <사이언스>에 게재된 것입니다.

저희들의 충격은 실로 컸습니다. 더구나 신젠다가 일본이 주도한 국제프로젝트팀의 공개 데이터를 사용해서 해독했기 때문입니다. 하지만 냉정히 생각해보면 벼게놈 해독 그 자체는 단순히 유전자 암호 문자를 나란히 세우는 것에 불과한, 그중에 어느 문자에 유전자가 들어 있는지 즉, 단백질을 합성하는 암호가 어디에 있느냐를 찾는 것이 더 중요한 것이었습니다. 그러므로 <사이언스>에 실린 연구는 그것을 관장하는 '완전한 cDNA'를 해독했다는 의미는 아니었습니다. 그러나 현장 연구가들의 얼굴은 어두웠습니다.

cDNA는 게놈 전체의 5퍼센트 정도밖에 안 되지만 그 부분에 단백질을 만드는 엑기스 유전정보가 들어 있습니다. 이 부분만 정확히 읽어낼 수 있으면 벼의 유전자 조작 기술에 혁명적인 진전을 가져올 수 있습니다. 그런데 해외 기업이 cDNA까지 해독해 그것으로 국제특허를 받는 날이면 그야말로 국제적 위기에 봉착할지 모를 일이었습니다.

신젠다가 공개한 데이터를 보면서 우리는 우리 연구가 다른 대기업의 게놈 연구에 도용당하지 않았나 하는 의구심을 가졌습니다. '적은 일본 안에 있다'는 얘기도 흘러나와 더 그랬습니다. 그러나 우리 연구팀은 계속되는 연구 속에서 심신을 냉혹하게 채찍질하며 잠 못 이루는 나날을 보냈습니다. 이것은 일종의 '연구 지옥'이라 할 만한 것으로 저의 체중은 10킬로그램이나 줄었습니다.

경영자가 실망만 하고 있으면 사업이 잘 될 리 없습니다. 저는 배짱을 부리기로 결심했습니다. 발상을 전환했지요. 우선 벼게놈 연구를 수행하면서 흥미 있는 일도 하자. 즉, 제가 좋아하는 연구를 하기로 결심한 것입니다. 이것 또한 자신의 스위치를 온으로 켜는 행동입니다. 연구 체제도 바꾸기로 결정했습니다. 산업계와 더 긴밀하게 연계하는 한편 각각의 특색을 살린 조직도 만들었습니다. 연구는 개인 연구원 각자에게 맡기고 저는 최종 책임만 지기로 했습니다.

그 효과가 나타났습니다. 2002년 12월에 시작된 연구는 다음해 3월에 결국 목적을 달성할 수가 있었습니다. 우리 연구팀이 1만 5230개, 일본팀 전체로서는 이화학연구소(理化學硏究所)의 데이터와 합쳐서 합계 3만 2127개의 '완전한 cDNA'를 해독한 것입니다. 그때의 뜨거운 감격은 앞으로 일생 동안 잊을 수 없을 것입니다. '완전한 cDNA'는 농림수산부에 보관되어 필요할 때마다 전 세계에 전달됩니다. 이 데이터를 기초로 새로운 벼 품종을 육성할 수 있고 그것은 안전한 식량 공급으로 연결될 것입니다.

몇 살이 되어도 유전자는 온

목표는 유전자 온의 달인 | 유전자 스위치가 온으로 되는 것에 대해서 제가 동경하고 닮고 싶은 분이 있습니다. 아흔 살이 넘어서도 NHK 실내악단을 지휘하고, 항상 새로운 일에 도전하는 성로가국제병원 명예원장인 히노하라 선생입니다.

베스트셀러 작가이기도 한 히노하라 선생은 전국을 누비며 강연하고 잡지나 책의 원고 집필 등으로 매우 바쁜데도 진찰을 계속하고 계십니다. 그러면 도대체 언제 주무시냐고 물었더니 '수면 시간은 대체로 5시간'이며 잡지 등의 원고는 아침에 쓰거나 이동 중에 다방이나 역 대합실에서도 쓴다고 하셨습니다. 텔레비전에서 좋아하는 스포츠 프로그램을 보면서도 쓰시고요.

히노하라 선생은 65세 때, 그때까지 성로가국제병원에는 없던 정년제를 만들어 퇴직했습니다. 그후 보통은 매일매일이 일요일인 생활을 보내어 '떨어진 젖은 나뭇잎'이라는 야유를 받을 법도 한데 선생님은 달랐습니다. 성로가간호대학 학장으로 취임해 25년간 학장으로 근무했으며 여든 살 때 성로가국제병원을 동양 제1의 병원으로 탈바꿈시키는 프로젝트를 시작했습니다. 선생은 이 프로젝트를 위해 당시 1200억 엔이나 되는 빚을 졌지만 10년 후 모두 갚아버렸습니다. 놀라움을 넘어서 감동 그 자체이지요. 히노하라 선생의 91세 생신 축하석에 초대받았을 때, 선생이 75세 이상의 원기 왕성한 노인들의 모임인 '신노인회'를 만들어낸 얘기를 들었습니다. 이 모임 회원 자격을 75세 이상으로 한 것은 이분들이 전쟁의 비참함을 알고 있는 세대기 때문입니다. 2차 세계대전 같은 전쟁이 두 번 다시 일어나면 안 된다고 생각한 노인들이 아무것도 모른 채 자란 손자뻘 되는 젊은 세대에게 전할 것이 있다고 여겨 모임을 만든 것입니다. 그래서 신세대 노인들은 손자 세대와 같이 만날 기회를 만들려고 적극적으로 활동하고 있습니다. 예를 들어 컴퓨터교실을 운영하고 있는데 유치원에 다니는 손자에게 팽이를 돌리는 요령이며 도르래 만드는 법을 가르치는 것도 좋지만 컴퓨터 사용법과 전자우편 쓰는 법을 가르쳐주면 더욱 즐겁지 않을까 해서입니다. 노인들도 과거를 전하는 것 외에 현재의 시대 변화를 알고 공부하여 손자들과 함께 대화하려는 것입니다. 몇 살이 되어도 도전한다! 컴퓨터도 도전한다! 그러면 좋은 유전자 스위치가 온으로 안 되겠습니까?

불행히도 저는 75세 이상이라는 나이 제한 때문에 입회할 수 없었습니다만 모임에서 하는 연구에는 참여할 수 있었습니다.

원기 왕성한 신노인회 | 신노인회 회원들이 나이가 들어서도 원기 왕성한 이유는 무엇일까? 저는 그 모임에서 이것을 과학적으로 조사하기로 했습니다. 먼저 원기 있는 노인의 유전자를 조사해서 원기 회복과 환경의 관계를 조사합니다. 식사 습관이며, 가정환경 또는 교육 수준, 선호하는 스포츠, 문화며 종교 생활을 포함한 생활 습관 데이터를 10년간 추적해서 유전자를 비교해보는 것입니다. 신노인회 회원들은 동맥경화, 고혈압, 당뇨병 등에 걸려 있으면서도 모두 원기가 왕성합니다. 그 뒤에는 정신적인 것이 분명 있으며, 그것이 유전자 스위치를 온으로 켜는 것이 틀림없습니다. 그것을 10년에 걸쳐 꼼꼼하게 조사하려는 것입니다.

연구가 끝날 무렵이면 히노하라 선생 연세가 100세가 넘는데 선생을 보며 늘 느끼는 것이 있습니다. 인간이 인간으로서 살아가게 하는 유일한 것이 '마음'이 아닌가 하는 것입니다. 마음은 세대를 지나서 사람에게서 사람으로 직접 전해지는 것입니다. 신노인회가 손자 세대에게 무엇을 전할지 저는 크게 주목하고 있습니다. "이것만은 전하고 싶다"는 강한 뜻을 가지고 손자 세대에게 나아가는 노인들의 유전자 스위치가 어디서 온으로 되는지, 그 뜻을 받아들인 손자 세대의 어떤 유전자 스위치가 온으로 되는지 연구하려 합니다. 이것은 의학 문제에 국한되는 것이 아니라 인간 삶의 가치, 교육, 문화, 종교의 영역까지 아우르는 큰 연구가 될 것입니다.

5 웃음과 유전자의 관계가 보이다

전국적으로 펼치고 싶은 마음과 유전자 연구

사회 : 이 장에서는 우리의 유전자 시나리오를 도대체 누가 썼는지를 비롯해 생명에 관한 영원한 수수께끼에 접근하고자 합니다.

요코자와 : 이 책, 무엇인가 굉장하지 않습니까? 웃음으로 출발했는데 신비로운 생명 그 자체에 다가간 것입니다. 상식적으로 생각할 수 없는 전개지요.

무라카미 : 예, 그렇군요. 여기서 중요한 건 웃음과 유전자가 확실히 연결되느냐 안 되느냐이지만요.

요코자와 : 과학은 상식을 깨뜨리는 것에서 시작되니까요. 상식

에 얽매여서는 새로운 것을 얻을 수 없습니다. 아직 아무도 생각해본 적 없는, 아무도 모르고 있던 것을 발견하는 것이 과학이니까 시도만으로도 대단하다는 생각이 듭니다.

무라카미 : 제가 지금 하고 있는 실험은 긍정적인 스트레스 효과를 과학적으로 조사하는 것인데 웃음만이 유전자 스위치를 '온'으로 켜는 것이 아니라고 생각합니다. 정말 좋아하는 영화를 보거나 음악을 들어도 유전자 스위치가 온으로 될지 모릅니다.

요코자와 : 그렇겠네요. 낮이나 밤이나 자기 의사로 스위치를 온으로 켜면 인생이 몇 배나 즐거울 것 같습니다. 그 계기가 웃음뿐만은 아니지요.

무라카미 : 그렇습니다. 그런데 이것을 과학적으로 확실히 증명하는 것이 너무 어렵습니다.

요코자와 : 마음의 문제라서 개인차가 커서일까요?

무라카미 : 그렇습니다. 감동이라든지 꿈은 마음속에서 일어나는 것이라서 과학으로 데이터화하기 어렵습니다. 그래서 우선 웃음 유형에 초점을 맞춰서 나가려고 합니다.

요코자와 : 그렇다 해도 웃음에 주목하신 건 참으로 잘하신 일 같습니다. 실험 결과가 어찌 나올지 가슴이 두근두근합니다.

무라카미 : 이번에 요시모토흥업과 협력해서 '의료에 효과 있는 웃음 비디오'를 제작하기로 했습니다.

요코자와 : 당뇨병, 고혈압 환자용 등 병에 따라 비디오를 다르게 처방한다지요? 지금까지 무라카미 선생이 농담조로 얘기했던 것이 드디어 현실로 되는 거군요. 이것도 가슴을 두근거리게 하고 흥분시킵니다.

무라카미 : 이 비디오는 문부과학성 지원을 받아 국가 프로젝트로 진행됩니다. 요시모토흥업의 탤런트에게도 도움을 부탁했고요. 한편 오사카에서도 경제산업성 예산으로 웃음과 유전자의 관계를 조사하는 실험을 진행하고 있습니다.

요코자와 : 드디어 국가도 무라카미 선생의 활동을 인정했군요. 실험 성과가 기대됩니다. 웃음을 제목으로 해서 꼭 노벨상을 타주세요.

무라카미 : 아닙니다. 과장해서 얘기하면 저는 이 연구는 노벨상

을 받은 연구들보다 더 근본적이고 중요하다고 생각합니다.

요코자와 : 노벨상 이상이라니 더욱더 흥분되는데요?

무라카미 : 이 실험은 마음과 유전자의 문제를 과학의 언어로 얘기하기 시작한, 세계 최초의 시도입니다. 그것은 기존 연구를 넘어 정신세계와 의학계를 연결하는 것이므로 만일 저희들이 가설을 실증할 수 있으면 이것은 노벨상 감 이상인 것이지요.

사회 : 기대 많이 하겠습니다.

유전자를 특별히 정한 제3회 실험

제3회 실험을 다시 쓰쿠바에서 | 2003년 11월 '웃음과 유전자'에 관한 세 번째 실험을 했습니다. 지금까지 해왔던 것처럼 당뇨병 환자에게 코미디 쇼를 보여준 뒤 혈당치를 측정했습니다.

제1회는 쓰쿠바에서, 제2회는 신주쿠에서 했는데 이번에는 다시 쓰쿠바에서 했습니다. 실험 장소는 쓰쿠바 국제회의장으로, 관객 300명을 수용할 수 있는 회관이었습니다. 사회는 일본웃음학회 분이 맡았고, 인사말은 요시모토흥업의 요코자와 선생이 했습니다. 출연자는 코미디언 바후(馬風) 선생이었습니다. 큰 몸집의 바후 선생은 무대를 이리저리 돌아다니며 걸걸한 큰 목소리로 꽉 들어찬 청중을 향해 많은 연기를 즐겁게 선보였습니다. 그 몸짓은 의외로 섹시했습니다.

피실험자 환자들과 마찬가지로 우리도, 긴장을 풀고는 크게 웃어젖혔습니다. 그 결과 웃음이 혈당치를 대폭 줄이는 것이 실증되었습니다. 다만 이번 실험에서는 피실험자 전원에서 '웃음이 혈당치의 상승을 억제했다'는 결과가 나오지는 않았습니다. 조금 흥미 있는 현상이 일어났습니다. 어떤 분은 '억제가 되고', 어떤 사람은 '변화가 없었다'는 것입니다. 이것이야말로 매우 흥분할 결과입니다. 왜냐하면 같이 웃고 같이 흥미 있는 강의를 들었는데도 혈당치가 상승한 사람도 있고 그렇지 않은 사람도 있으니까요. 즉 개인차가 보인 것입니다.

이 결과는 개인차에 따라 치료될 가능성을 보여주었습니다. 의료는 환자 100명에게 같은 처방을 내리는 행위가 아니라 각 환자에게 적합한 치료법을 적용하는 의사의 수완이 돋보이는 것입니다. 그러므로 한 사람 한 사람을 진찰하며 처방을 다르게 해야 합니다.

물론 세계에서 아무도 해본 적이 없는 웃음과 유전자의 관계를 연구하는 것이므로 실험 결과에 선입관을 가져서는 안 됩니다. 실험 결과가 어떠하더라도 분명히 이유는 있습니다. 그 이유를 발견해가는 것, 그것을 객관적인 과학의 언어로 설명하는 것이 우리 과학자의 사명인 것입니다.

2만 1500개의 유전자 해석 │ 같은 체험을 했는데도 혈당치가 올라가는 환자와 그렇지 않은 환자가 있었다는 실험 결과가 나온 이유를 유전자에서 찾았습니다. 이번 실험에서는 실제로 어느 유전자가 스위치 온으로 되어 어느 정도 활동했는지 분석하였습니다.

우리는 사방이 3센티미터인 작은 유리판인 DNA칩에 2만 1500개의 사람 유전자를 붙여서 웃음 전후에 어느 유선사에 어느 징도 스위치가 켜졌는지 측정했습니다. 이 검사에 반년이 걸렸습니다. 그 결과 2만 1500개 유전자 중 확실하게 플러스로 활동한 것 즉, 스위치가 온으로 변한 유전자 23개를 특별히 정할 수 있었습니다. 유전자 스위치가 오프로 변한 것은 없었습니다. 그러나 이 사실만으로 웃음이란 긍정적인 스트레스가 직접 유전자 23개를 활동하게 했다고 잘라서 말할 수는 없습니다. 웃음에 뇌가 자극받아 그렇게 되었을지 모르고, 어떤 호르몬이나 효소가 관계했을지도 모릅니다. 그러나 유전자 23개를 특별히 정한 것은 획기적인 발견입니다. 이 유전자 역할을 분석하면 웃음과 건강의 인과관계를 명확히 밝힐 수 있는 것입니다. 그리고 그 전 단계인 마음과 유전자의 관계도 알아낼 수 있지요.

"약 대신에 웃음 비디오를 처방받는 시대가 올지도 모른다"고 농담했습니다만, 꿈 같은 얘기는 아닐 겁니다. 이 23개 유전자와 연구 성과는 아직 논문으로 발표되지 않아 이 책에서는 안타깝게도 과학적인 언어로 자세히 설명할 수는 없습니다. 물론 여러분이 이 책을 읽을 즈음에는 논문이 세상에 발표되어 일대 센세이션을 일으키고 있을지 모르겠습니다. 어떻든지 이후에도 혈당치가 언제 특별히 떨어지는지 조사하는 실험 등을 계속해서 데이터를 축적해나갈 것입니다. 여기에서는 이 실험이 장래의 연구에 큰 빛을 준, 매우 흥분된 결과였다는 점만 말해두겠습니다.

유전자를 연구하면서 생각한 일

살아 있는 것은 전부 DNA로 연결되어 있다 | 현재 유전자 연구는 여러모로 응용되고 있습니다. 예를 들면 대장균으로 만들어진 인슐린이란 당뇨병 약이 시판되고 있습니다. 저는 대장균이 인간의 인슐린을 만들 수 있다는 것이 20세기 생물의학 최대의 발견이라 생각합니다. 1953년 제임스 왓슨(James Watson)과 프랜시스 크릭(Francis Crick)이 유전자는 DNA라는 이중나선형 구조를 띤 물질이란 사실을 발견했습니다. 이 사건으로 과학자들의 연구 대상으로서 생물화학은 굉장한 속도로 진보했습니다. 곤충, 세균, 동

물, 식물, 인간 등 현재 살아 있는 모든 생물뿐만 아니라 38억 년
이란 생물 진화의 역사 속에서 태어난 전 생물의 DNA가 기본적
으로는 같은 유전자 암호를 사용하고 있다는 사실이 알려졌습니
다. 즉 살아 있는 것들은 모두 DNA라는 물질로 연결되어 있습니
다. 따라서 살아 있는 모든 것이 한 가족이라 할 수 있습니다. 근본
은 하나였겠지요. 진화 과정을 거슬러 올라가면 모든 생물(살아 있
는 것)은 선조끼리 친척이거나 형제였을 것입니다. 그러므로 어마
어마한 연구비를 모아 전 세계 연구자들이 연구한다고 해도 대장
균에서 인슐린을 얻을지언정 대장균을 만들 수는 없습니다. 대장
균의 기본적인 생명 메커니즘을 우리는 알지 못하기 때문입니다.

대장균을 연구하면서 몇 천 명의 박사들이 탄생했습니다. 우리
생명과학 연구자들이 이 대장균에서 얼마나 많은 도움을 받았는
지 모릅니다. 생명에 관한 논문은 산더미같이 많습니다. 그러나
그것들은 부품의 지식입니다. 부품을 아무리 모아도 생명이 탄생
하는 것은 아닙니다. 현재의 과학이 틀렸다는 말은 아닙니다. 살
아 있다는 그 자체가, 예를 들어 세포 한 개도 얼마나 대단한 것인
가 하는 것입니다. 그러니 그들이 모인 '인간'이 살아 있다는 것은
보통 일이 아니지요.

어떤 위대한 존재를 느끼다 | 유전자를 연구하고 있으면 대장균
에게 고마움을 느낄 때가 있습니다. DNA를 해독하는 바이오테크

놀로지란 기술도 대단하지만 더욱 대단한 것이 있다고 느끼게 하기 때문입니다. 그것은 근원적인 것으로 DNA를 읽기 전에 거기에 이미 쓰여 있었던 것입니다. 무언가 쓰여 있기 때문에 그것을 읽을 수가 있는 것입니다. 쓴 사람과 읽는 사람 중에 어느 쪽이 훌륭한가 견주면 쓴 사람이 더 훌륭합니다. 그러면 대체 누가 쓴 것입니까? 잘 모릅니다. 그렇더라도 사람의 유전자 암호가 엉터리로 쓰일 리는 없습니다. 30억 개나 되는 문자는 보통 글자로 치면, 대백과사전 3천 부 정도 분량입니다. 그것이 1그램의 2천억 분의 1인 극소의 세계에 쓰여 있습니다. 게다가 그것들은 모두 활동하고 있습니다. 도대체 누가 그것들을 만들어낸 것일까요?

과학자들은 법칙을 "발견했다"며 뽐냅니다. 그러나 그것들은 전부 발견되기 전에 자연계에 이미 법칙으로 존재하던 것입니다. 법칙이라는 것은 매우 이론적으로 조화를 이루고 있습니다. 형태도 아름답습니다. 그러면 도대체 누가 법칙을 만들었을까요? 적어도 인간은 아닙니다. 만일 부모가 DNA를 자유자재로 쓸 수 있었다면 더 능력 있는 아이가 나올 수 있을 것입니다. 인간은 자기 자신의 암호를 쓸 수가 없습니다. 인간의 기술을 능가하는 것은 무엇일까요? 그것이 소위 '신의 기술'일 것입니다. 저는 신의 존재가 불가사의하다고 처음으로 깊이 생각하게 되었습니다.

일본에서는 신이나 불교를 얘기하면 "저 사람은 이제는 끝"이라고 말합니다. 그러나 이것이 꼭 맞는 말은 아닙니다. 저는 많은 과학자가 밤의 과학을 통해 현재의 과학으로는 설명 못하는 불가사의한 체험을 하고 있다는 것을 알고 있습니다. 저는 밤의 과학을 신이라 하지 않고 '위대한 어떤 것(something great)'이라고 10년 전부터 사용해왔습니다. '위대한 어떤 것'이므로 현대 과학으로는 도저히 알 수 없습니다. 그러나 그것이 위대하다는 것은 느낍니다. 믿지 않아도 어쩔 수 없지만 저는 여러분 몸속에서 위대한 어떤 것이 활동하고 있음을 느낍니다.

위대한 어떤 것이 유전자 암호를 쓴 것이라면, 그 암호에는 역시 메시지가 있을 것이라 저는 생각했습니다. 일부라 할지라도 '위대한 어떤 것이 쓴 것'을 해독할 수 있게 되었다는 것은 대단한 일입니다. 그런 뜻에서 저는 유전자를 연구하기 잘했다고 생각합니다.

달라이라마와 만나다

웅숭깊은 마음과 왕성한 호기심을 가진 달라이라마 | 저는 오랫동안 '위대한 어떤 것'과 과학을 연결시키는 일을 하고 싶었습니다. 그런데 2003년 좋은 기회가 왔습니다. 달라이라마와 '과학과 종교'에 관해 대담할 기회를 얻은 것입니다. 달라이라마는 많은 고

난 속에서도 민족, 국가, 종교 등을 넘어 세계 평화를 위해 활동하는, 세계에서 가장 주목받는 사람입니다.

제14대 달라이라마는 1989년에 노벨평화상을 받았습니다. 2003년 11월 11일 일본에 왔는데 그때 동경에서 강연을 했습니다. 강연장에서 꼭 과학자와 대담하고 싶다고 해서 2002년 노벨물리학상을 받은 고시바 마사토시 도쿄대학 명예교수와 제가 참석했습니다.

일본에 오기 직전 뉴욕공원에서 연 강연에는 20만 명의 청중이 모였답니다. 저는 그날 강연장에서 달라이라마를 처음 봤는데 모든 사람을 받아들이는 넓은 마음, 어린아이 같은 호기심 등 달라이라마의 인간성에 매혹되었습니다. 달라이라마는 우리와 적극적으로 대화를 나누었는데 저는 달라이마가 명상이나 기도의 과학 등에 대해서 과학자와 함께 쓴 책을 알고 있었습니다.

제14대 달라이라마는 티베트 작은 마을에서 태어났습니다. 처음에는 불교나 과학에 관한 지식이 없었으나 달라이라마가 된 후 세계의 많은 기자에게서 선물 받은 여러 종류의 기계를 분해해보면서 과학 소년이 되었지요. 실제로 달라이라마에겐 지금도 소년 같은 장난기가 남아 있습니다. 저는 사람을 판단할 때에 거만한지 아닌지를 봅니다. 훌륭한 사람치고 거만한 사람을 본 적이 없기 때문입니다. 달라이라마도 진실한 위인이었습니다. 그의 상냥한 태도에 저는 더 오래 토론하고 싶어졌습니다. 그는 20여 년 전에 불교를 가르쳤던 분에게서 "과학자와 접촉하면 위험하고 불교가 죽는다"는 조언을 받았지만 '그런 일은 없다'고 확신해 10년 전부터 과학자와 대화하고 있다고 했습니다.

달라이라마에 따르면 불교를 공부한 자와 과학을 공부한 자가 대화하면 이득이 많다는 것입니다. 불교도는 과학을 공부함으로써 인간 세계를 깊게 이해할 수 있습니다. 그래서 그날 심지어 "만일 과학이 증명한 사실이 불교의 가르침과 모순된다면 가르침을 바꾸어야 한다"까지 주장합니다. 그러한 겸허한 태도로 달라이라마는 세계 과학자들과 진지하게 계속 대화해온 것입니다. 반면 과학자들은 불교에서 마음에 관한 깊은 통찰, 지혜를 이해함으로써 인지 과학이며 신경과학 등 마음의 과학 분야에 공헌할 수 있습니다.

하지만 달라이라마는 '현재의 과학으로 해결할 수 없으니 진실이 아니라는 생각'에는 분명히 반대합니다. 실제로 과학은 만능이 아니며 생명의 메커니즘에 관해서 아직 아무것도 모르고 있습니다. 과학으로 풀 수 없는 것들이 무수합니다. 그러나 저쪽에 진실이 있다고 믿고 그것을 과학의 언어로 얘기하고 싶기 때문에 과학자들은 매일매일 연구를 계속하는 것입니다.

과학과 종교를 연결하는 다리로 | 저는 생명과학자 입장에서, 사람과 벼의 유전자 암호가 전부 해독된 현재 유전정보를 기록하고

활동하게 하는 위대한 무엇에 대해서 얘기했습니다. 지금까지 종교가들도 이 위대한 무엇에 관해서 2000~3000년 동안 얘기해왔습니다. 그러나 21세기에는 과학자가 위대한 무엇을 할 필요가 있습니다. 과학과 종교가 이 위대한 무엇에 관해 대화할 수 있다고 저는 생각합니다. 종교가와 과학자는 접근하는 방법은 다르지만 대화는 가능합니다.

지금까지 종교의 대가(大家)가 말한 내용을 데이터화해 이 얘기를 뒷받침하는 연구회를 발족시켜 실현하고 싶습니다. 과학은 세계로 뻗어나갈 수 있습니다. 과학의 좋은 점은 믿는다, 안 믿는다 이전에 데이터를 낼 수 있다는 것입니다. 현재의 종교나 신종교의 경우 믿는 사람에게는 좋으나 믿지 않는 사람에게는 전혀 효과가 없습니다. 그러나 과학의 좋은 점은 누구에게나 알 수 있는 사실을 데이터로 나타낼 수 있다는 것입니다.

달라이라마와 토론한 1주일 | 그날 대화를 마친 뒤 달라이라마에게서 새로운 제안을 받았습니다. "이 대화는 매우 의미 있는 것이었는데 시간이 충분치 않군요. 다음 기회에 3일간의 일정으로 종교가와 과학자의 대화를 엽시다"는 것이었는데 꼭 실현하고 싶었습니다. 그리고 1년 뒤 인도에 초대되어 1주일간 토론을 하게 되었습니다. 초대된 장소는 인도의 수도 뉴델리에서 자동차로 12시간 걸리는 곳에 있었습니다. 초대된 과학자들은 저를 포함해서 8명.

뇌생리학, 의학 등 바이오테크놀로지 각 분야에서 첨단의 연구를 하고 있는 대학교수들이었습니다. 일본 교수들은 자기 전문에만 빠져 타 분야 연구자와 별로 교류를 안 하는데 거기 참석한 교수들은 종교와 과학의 접점을 적극적으로 찾고 있다는 느낌이었습니다.

오전 9시부터 11시 반까지는 과학자들이 강연하고 오후부터는 강연 내용을 바탕으로 '불교의 진리를 과학에 응용할 수 없을까'라는 주제로 토론했습니다. 우리는 서로 얼굴이 잘 보이도록 달라이라마와 둘러앉았습니다. 보통 강연과 다른 점은 조금이라도 의문이 있으면 그때그때 달라이라마가 질문했다는 것입니다. 직접 영어로 질문도 하고 때로는 통역을 거치기도 해서 종종 강연이 중단되었습니다.

저는 '마음과 유전자 연구'에 대해서 강연했습니다. 그 주제로 달라이라마와 대화한 것은 매우 뜻깊었습니다. 예를 들면 달라이라마는 웃음 외에 유전자 스위치를 온으로 켜는 긍정적인 요소가 무엇이냐고 묻고는 "불교 경전에도 웃음에 관한 것이 나오고 부처님도 미소를 띠고 있다"면서 "마음과 유전자의 관계에 대해서 과학적인 증거가 나왔다는 것은 즐거운 일"이라고 감상도 얘기했습니다. 일본 과학자로서는 제가 처음으로 초대되었는데 달라이라마는 앞으로 일본에서 일본 과학자들과 대담하고 싶다고 말했습니다. 제가 그런 대담을 이끌 능력은 없습니다만, 그 순간 한 사람

의 과학자로서 무엇인가 공헌하고 싶어지더군요. 과학과 종교가
대화하는 시대가 곧 오리라고 믿기 때문에 저는 그 다리를 잇는
중개자 역할을 하고 싶었습니다.

　과학자 간의 대화는 아무래도 어려워 분위기도 딱딱해집니다.
그런데 달라이라마는 유머러스한 질문을 하며 분위기를 편안하게
풀어주었습니다. 그 마음 씀씀이가 저희에게도 전해져 부드러운
분위기 속에서 여러 가지를 배울 수 있었습니다. 마지막 날에는
할리우드 스타인 리처드 기어를 비롯해 세계에서 달라이라마 지
지자들이 100명 정도 모여 파티를 열었습니다. 충만한 1주일이 금
방 지나갔습니다.

요시모토흥업과 사회에 원기를 불어넣다

일본 사회에 퍼져나가는 웃음과 건강 ｜ 저는 마음과 유전자에 관
해서 크고 작은 강연을 1년에 100회 정도 합니다. 말하자면 마음
과 유전자의 홍보맨이라고나 할까요? 그런 장소에 요시모토흥업
의 탤런트가 불려오는 일이 많아졌습니다. 입이 거친 과학자 친구
들은 "드디어 무라카미도 요시모토흥업 소속의 탤런트가 된 것 같
다"고 비아냥거리고 있을지도 모르겠습니다. 물론 저는 지금도 적

극적으로 마음과 유전자에 관해서 말할 의향이 있으며 기회가 있으면 요시모토흥업 탤런트들과 같이 계획해서 '과학의 언어로 마음과 유전자의 관계를 얘기한다'는 목표로 실험 횟수를 점점 더 늘리고 싶습니다.

최근 몇 년 동안 수행한 프로젝트를 몇 개를 소개하겠습니다. 2002년에 있었던 일인데, 게이오기주쿠대학 경제학부 시마타 하루유 교수가 이끄는 '건강서비스산업 창조연구회'에 초청되어 웃음과 유전자에 관한 연구 결과를 발표한 적이 있습니다. 거기서는 건강서비스산업을 일본의 신산업을 창출힐 히트 상품으로 하려고 진행 중이었습니다. 회원 분들은 제 연구에 많은 흥미와 관심을 가지고 경청해주셨습니다.

그리고 2004년 3월에 그 프로젝트를 추진할 사업공동체를 공모했는데 그중에 오사카 다이토 시에 있는 벤처기업과 대학들도 있었습니다. 이들이 진행하는 '다이토 다이내믹 프로젝트'에 마음과 유전자 연구회의 모체인 국제과학진흥재단이 협력 단체로 참가하였고요.

한편, 요시모토흥업은 고령자를 중요한 고객으로 여기고 지금까지 많은 프로젝트를 전개해왔습니다. 몇 년 전부터 좀처럼 극장에 오지 못하는 할머니, 할아버지 들께 직접 찾아가 공연을 하고 복지 관련 사업에도 탤런트를 파견하고 있습니다. 요시모토흥업에서는 '웃음과 건강'을 주제로 고령자를 위한 심포지엄도 개최했

습니다. 이런 이유로 요시모토흥업도 다이토 다이내믹 프로젝트
에 협력 단체로 참가하게 되었습니다.

　웃음과 건강, 마음과 유전자 연구가 여기저기서 인정받아 실제
적인 프로젝트로 확대돼 나가는 것은 참으로 감사하고 가슴 떨리
는 일입니다.

산학이 협력하는 다이토 다이내믹 프로젝트 ｜ 다이토 다이내믹
프로젝트를 진행하는 다이토 시는 오사카 동부에 있습니다. 인구
는 약 13만 명인데, 그중 60세 이상의 노인이 약 2만 8천 명으로
타 도시처럼 고령화가 급속히 진행되고 있었습니다.

　다이토 다이내믹 프로젝트는 '즐기는 사람들', '기분 좋은 사람
들', '모두의 건강시스템'이라는 3개의 프로그램으로 되어 있습니
다. 이 중 우선 '즐기는 사람들' 이벤트를 개최했습니다. 1부에서
는 프로젝트를 잠깐 소개한 뒤 제가 "웃어서 건강 유전자의 스위치
를 온!"이란 제목으로 강연했습니다. 2부에서는 요시모토흥업의
새 희극을 선보였는데 요시모토흥업의 인기 탤런트들이 대거 출연
했습니다. 사전에 돌린 팸플릿 덕에 행사장은 만원이었습니다.

　그후에는 시민체육관 등 시내 열 군데에서 두 번째 프로그램 '기
분 좋은 사람들'을 실시했습니다. 운동이 가능한 고령자를 대상으
로 건강교실을 연 것입니다. 지금까지의 건강교실은 '시설이 잘 되
어 있는 곳에 와주십시오!'라는 형태기 때문에 거동이 불편한 고령

자들은 배제되었습니다. 다이토 다이내믹 프로젝트 주최 측은 이런 분들을 경자동차로 직접 모셔오는 방법을 취했습니다.

처음부터 건강을 위한 운동이란 즐겁게 하지 않으면 계속하기 어려운 법입니다. 고령자들도 즐기면서 건강해지도록 하기 위해서 건강교실 목적을 '웃음과 건강'으로 정했습니다. 제1회 프로그램 참가자는 약 150명. 최고령은 88세 여성이고, 평균 연령은 70세 정도였습니다.

다이토 다이내믹 프로젝트의 세 번째 프로그램은 '모두의 건강 시스템'이었습니다. 앞의 두 프로그램 참가자의 건강 정보를 수집하고 정립해서 전자 데이터를 축적해내는 것입니다. 이 데이터는 인터넷으로 본인이 확인할 수 있고, 의료기관에 갈 때 의사들도 볼 수 있습니다.

이것은 지금까지 과학적인 언어로 정확하게 표현되고 있지 않은 건강이란 것에 대해서도 근거를 바탕으로 증진시키려는 의도입니다. 그것은 제가 지금껏 해온 '마음과 유전자'와도 관계있는 것이지요. 건강이나 마음의 문제도 그저 적당히 인정하는 것이 아니라 과학적인 자료를 취해서 그 효과를 실증하려는 것입니다.

이런 것은 저의 마음과 유전자 프로젝트에도 매우 고무적입니다. 지금까지는 마음과 유전자의 관계를 조사하면 "이상하다"로 끝맺는 사람들이 대부분이었지만, 이제는 정부나 사회 단체들도 마음의 자세가 건강에 큰 영향을 준다는 과학적인 근거를 본격적으로 찾기 시작했습니다.

다이토 다이내믹 프로젝트를 추진하는 단체들도 '코미디 쇼 감상과 유전자 스위치 켜짐'의 관계를 과학적으로 검증하려고 연구하고 있습니다. 그래서 '즐기는 사람들' 행사에 온 분들에게 연구 계획에 참여해달라고 부탁했습니다. 지금까지 실험에서는 '코미디 쇼 감상과 '어려운 강의 듣기'를 비교했습니다. 이번에는 직접 희극 공연을 보고, VTR로 강의를 들었습니다. 이전에는 이틀 동안 연속 실험해 비교 검토했는데, 그 이유는 그래야 뽑은 피에서 스트레스 영향을 제거할 수 있기 때문입니다. 그러나 이번에는 실험 결과가 곧바로 분석됩니다. 지금 우리는 아무도 해보지 못한 새로운 도전을 하고 있는 것입니다. 여러모로 실험해보고 거기서 얻은 진실을 과학의 언어로 정리해서 가설을 세운 뒤 연구를 거듭하려 합니다.

웃음에는 남을 위한 마음이 감추어져 있다 | 요시모토흥업은 어째서 이러한 활동을 열심히 하는 것일까요? 어떤 사람은 요시모토흥업이 단순히 '돈벌이'하려는 거라고 말합니다. 실제로 봉사가 아닌 입장료와 출연료를 받고 있으니까요. 그러나 돈벌이라고 쉽게 말할 수 없는 이유는 우리 예산으로는 도저히 와주지 않을 탤런트가 출연료를 파격적으로 낮추어서 출연하고 있다는 것입니다.

요시모토흥업은 "자선을 베푼다"거나 "봉사한다"고는 큰소리

내지 않습니다. "입장료를 내고 와달라"고 말합니다. 이것은 어찌 보면 당연한 일입니다. 수입 없이는 탤런트들도 생활할 수 없으니까요. 사람을 웃기는 것은 대단한 능력입니다. 일반인들은 입장료를 내고 관객으로 극장에 들어설 때에야 웃음을 즐길 수 있습니다.

저희 재단도 마찬가지입니다. 웃음을 계속 연구하려면 예산이 필요합니다. 저는 여기서 사업만으로는 설명할 수 없는 요시모토 흥업의 마음의 자세를 느낍니다. 그들은 단지 '유명해지고 싶다'거나 '돈을 벌겠다'는 목적만으로 웃음이라는 어려운 소재를 택한 것이 아닐 것입니다. 웃음으로 사회의 밝은 면을 드러내어 그 사회 사람들을 건강하고 행복하게 하고 싶다는 사명감 때문일지도 모릅니다. 저는 그들이 '남을 돕는 유전자' 스위치를 켜고 있어 이러한 일들이 가능했다고 생각합니다.

자신만을 생각하는 사람은 남을 웃기지 못합니다. 상대가 무엇을 원하는지, 어떻게 하면 상대를 웃길지는 자신을 낮추고 노력할 때나 가능합니다. 사람을 웃기는 데 목숨 건 연예인은 관객의 웃음이 모든 고생을 날려버리는 최고의 양약이라고 틀림없이 믿고 있을 것입니다. 그래서 '웃기는 신(神)'이 내려올 때까지 어려운 연습을 계속합니다.

유전자 본질은 자기 꽃을 피우는 것

남을 위한 유전자 없이는 살아갈 수 없다 │ 리처드 도킨슨이라는 유명한 영국 생물학자가 『이기적인 유전자』라는 책을 썼습니다. 도킨스는 이 책에서 살아 있는 것은 유전자가 탑승하는 기관이라고 합니다. 유전자가 주가 되고 생명체는 유전자를 따른다는 것인데, 유전자는 매우 이기적이며 자기 자손을 남긴다는 즉, 자기를 많이 복제한다는 주장입니다. 확실히 인간 유전자는 이기적인 유전자, 자기를 복제하고 남기려는 유전자입니다. 대표적인 이기적인 유전자로 암 유전자가 있습니다. 암 유전자는 남에 대한 피해를 생각하지 않고 자기 복제만 계속합니다. 자기는 계속 증가하나 그 때문에 다른 세포들이 죽고 장기들도 죽어, 결국에는 자신도 죽습니다.

그러나 저는 이러한 이기적인 유전자만 있다는 이론에는 반대합니다. 유전자는 물론 자기를 복제하는 이기적인 면을 갖고 있습니다만, 다른 세포에 이익이 되는 이타적 정보도 갖고 있습니다.

생물에는 이기적인 유전자와 이타적인 유전자 양쪽이 다 있다고 저는 생각합니다. 그렇지 않으면 생물은 개체로서 살아갈 수 없습니다. 따로따로 떨어져나가 버립니다. 개체가 살아 있다는 것은 이기적인 유전자가 있는가 하면 이타적인 유전자도 존재하기 때문입니다. 타 세포를 돕는 이타적인 유전자가 없이 개체는 살아 갈 수 없습니다. 도킨스의 이기적인 유전자 설은 널리 알려져 있으나 하나의 이론일 뿐 진리라고는 생각하지 않습니다. 유전자에 관한 한 시각에 불과합니다.

과학이라는 분야에서는 저의 이론을 포함해서 사람들이 주장하는 가설을 너무 믿지 않는 것이 좋습니다. 그러한 생각도 있구나 정도로 이해해두는 것이 무난합니다. 사람 목숨을 제쳐놓고 자기만 복제하는 암세포 같은 것은 매우 이기적입니다. 확실히 세포에는 자기를 복제하는 유전자도 있습니다. 그러나 일반적인 세포는 자신을 살리고 주위 장기도 살립니다. 장기는 자기 역할에 충실하며 개체 전체를 살리고요. 내장은 내장, 근육은 근육 역할을 일생 동안 하는 것입니다. 그 대신 개체는 호흡이나 식사를 해서 세포, 장기에 산소, 에너지를 공급합니다. 이것이 바로 훌륭한 상호 협력 관계입니다. 조직에는 자기뿐만이 아니라 주위를 살리려는 이타적인 요소도 있는 것입니다. 이러한 사실을 보면 생물은 이기적이고 이타적인 면의 균형이 잘 잡힌 존재입니다.

생명은 대자연이 준 선물 | 체중 60킬로그램의 사람이라면 약 60조 개의 세포로 되어 있습니다. 이것은 굉장히 많은 숫자로 60조 세포는 약 64억의 세계 인구 수보다 1만 배 많은 것입니다. 한 사람 몸 안에 지구 인구 1만 배의 작은 생명이 차 있는 것입니다. 세

포 60조 개가 서로 다투지도 않고 매일 살아가는 것은 이상하면서 한편 감동적이기도 합니다. 64억의 사람들은 역사가 시작된 이래 늘 전쟁을 치렀는데 말입니다. 전쟁뿐입니까? 테러, 살인사건 등이 매일같이 일어나고 있습니다.

세포는 자기 생명을 살리면서 다른 세포 활동도 도와 장기를 형성합니다. 그리고 장기는 자기 맡은 일을 하며 개체를 살립니다. 심장은 일생 동안 펌프 작용을 합니다. 오늘은 피곤하니 쉬자 하지는 않습니다. 어떻게 그렇게 멋지게 평생 뛸 수 있는 것일까요? 유전자 프로그램에 따른다는 것까지는 알려졌습니다. 유전자를 프로그램한 것은 무엇이고, 지금 그것을 움직이는 것은 또 무엇일까요?

우리는 자기가 살아 있는 것이 당연하다고 생각합니다. 그뿐입니까. 불평까지 하며 살고 있습니다. 대저 인간은 대장균 같은 작은 균의 생명도 처음부터 만들지 못합니다. 그러나 현재 우리는 그렇게 생각하지 않는 것 같습니다. 아기도, 농작물도 만들 수 있다고 말합니다. 그러나 사실 우리는 아무것도 만들어내고 있지 않습니다. 생명을 만드는 것은 대자연입니다. 약 38억 년이란 긴 지구 역사에서 인간 기술을 넘는 어떤 대자연의 힘으로 아기가 탄생하는 것입니다. 우리 생명은 대자연의 훌륭한 선물입니다.

생명의 의미를 생각해보자 | 현재 세계 3분의 1의 인간들이 굶주림으로 고통을 당하고 있습니다. 그런데도 음식물을 남기는 사람

들이 많습니다. 일본의 음식물 쓰레기는 연간 2천만 톤에 달한다고 합니다. 돈을 내면 전부 자기 것이라는 생각에서 그러는 것일까요? 우리의 식량 원료 대부분은 생물들입니다. 우리는 매일 생명들을 죽이며 살아가고 있는 것입니다.

인간은 생명을 죽여서 식량으로 할 수는 있어도 그와 반대로 물질에서 생명을 창조할 수는 없습니다. 현대 과학의 힘을 모두 모아도 상추 잎사귀 하나 만들어낼 수 없습니다. 즉, 우리는 동물이며 식물들의 생명을 희생시켜서 살아가고 있는 것입니다. 식사할 때 "잘 먹겠습니다", "잘 먹었습니다" 하고 말하는데, 저는 특히 "잘 먹겠습니다"라는 말은 죽어가는 생명에 대한 감사의 뜻이라 생각합니다. 따라서 귀중한 그 생명을 빼앗는 것이므로 적어도 식사할 때는 헛되게 하지 않겠다는 마음가짐이 필요합니다. 또 식사 후 "잘 먹었습니다"라는 말은 남을 위해 사라져간 생명에 대한 감사의 의미로 우리 인간이 다른 생명들과 함께 살며, 대자연의 혜택에 감사하며 살아가는 것과 관계있습니다.

우리는 생명의 문제를 깊게 생각하지 않고 지내온 것이 아닌가 싶습니다. "잘 먹겠습니다"나 "잘 먹었습니다"라는 말도 생명을 중시하는 마음에서 우러나온 것이 아니라 그저 인사말로 여겨왔다고 생각합니다. 그런 인사말조차 아무렇게나 해왔습니다. 1년간 낙태된 태아 수는 신고된 것만 30만이나 되며 실제로는 이 숫자의 배가 넘습니다. 1945년부터 2002년까지 58년 사이에 6700만 명이란 예측도 있습니다. 이 숫자는 과거 100년 사이에 전쟁터에서 죽은 희생자에 필적합니다. 엄청난 수지요.

　우리는 생명에 대해서 다시 한번 깊게 생각할 시기에 와 있습니다.

잠자고 있는 유전자를 켜서 자신의 꽃을 피워라 ｜ 유전자는 형제 간에도 약간 다릅니다. 민족이나 살고 있는 지역에 따라 얼굴형이 다른 것도 유전자가 약간 달라서입니다. 그러나 우리는 이러한 다른 점만을 크게 의식한다든지, 사람들과 경쟁한다든지, 또는 비교 당하기 위해 태어난 것은 아닙니다. DNA가 같은 선조에게서 태어난 사람들끼리 공생하며, 자기 자신의 꽃을 피우는 것만으로도 충분히 행복하다고 생각합니다.

　「자기 꽃을 피우라」는 어떤 노랫말처럼 우리는 누구나 각자 자신만의 꽃을 피울 수 있습니다. 그런데 우리 유전자는 대개 켜 있지 않다고 합니다. 그러나 이것은 고정되어 있는 것이 아니라 마음이나 생활의 변화로 바뀔 가능성이 있습니다. 또한 DNA 97퍼센트는 그 역할이 확실치 않으며 무의미한 것이라 불리기도 합니다.

　잠자고 있는 유전자 스위치를 켤 수 있으면 아직까지 자기 자신이 모르던 다른 꽃을 피울 가능성이 있습니다. 노벨상을 받은 사람과 보통 사람의 유전자 차이는 0.01퍼센트도 안 된다고 합니다. 즉 누구든지 훌륭한 유전자를 가지고 자기 꽃을 피우기 위해 태어난 것입니다.

불가사의한 힘을 갖고 있는 인간 세포는 한 사람에게 60조 개나 되는데 이들은 주위와 조화를 이루면서 서로 도와가며 살아가고 있는 것입니다. 그러한 명령이 유전자에 씌어 있습니다. 인간 유전자에는 '덕택에'라는 마음이 있어서 자연과 공생하며 자연을 존경하는 유전자도 들어 있습니다. 최근에는 이런 유전자가 켜 있지 않은 사람이 증가하는 것 같습니다. 이것이 켜지면 세계적으로 훌륭한 사람이 많아질 것입니다.

실험으로 느낀 중요한 것 │ 요시모토흥업의 도움으로 웃음과 유전자의 관계에 관한 실증 실험을 했고, 일본웃음학회에 입회한 뒤엔 웃음이라는 것이 틀림없이 인간이란 생명의 근본과 관계있다는 사실도 실감했습니다.

웃음과 유전자의 관계를 연구하면서 인간에게 무엇이 중요한가를 줄곧 생각했습니다. 제가 생각하기에는 그것은 쌀밥을 먹고 크게 웃으며 행복해지는 것입니다. 이런 것이 우리에게 무엇보다 중요합니다.

그러나 그보다 더 중요한 것이 있습니다. 우리에게는 피울 수 있는 자신의 '꽃'이 있다는 것입니다. '나는 이렇게 하고 싶다, 저렇게 하고 싶다'는 자신이 되고 싶은 꽃이 있습니다. 그것은 타인이 보면 작은 꽃일지 모르겠습니다. 그러나 자기에게는 둘도 없는 매우 소중한 생명의 꽃입니다.

저에게는 마음과 유전자의 관계를 과학의 언어로 얘기하는 것이 저의 생의 가치이며 일하는 원동력입니다. 그러나 그것은 저 혼자서 할 수 있는 것이 아닙니다. 마음과 유전자 프로젝트에 관여하는 모든 분이 자기 꽃을 피우고 그 꽃들이 모여서 서로 교류하면 커다란 꽃을 피울 수 있을 것입니다.

저희들은 웃음과 유전자에 관해서 여러 실험을 해왔습니다. 실험 예가 적어 아직 과학의 언어로 얘기할 정도는 아닙니다만, 틀림없이 웃음의 유전자를 발견하고 그 실체를 밝혀낼 거라고 확신합니다. 이 책을 읽은 독자 여러분, 매일매일 쌀밥 먹고 크게 웃어 여러분의 유전자가 켜지게 해서 자신만의 꽃을 피우시기 바랍니다.